한 국 교 회 건 축

CHURCH ARCHITECTURE of KOREA

한국교회건축가회

추천의 글

교회건축 - 실체의 비존재에 대한 형상화 작업 -

건축과 도시디자인을 직업으로 삼는 나는 건축 작업에 대한 추념을 통하여 건축적 사고를 전개하고 그 사고의 외연 확장과 심화를 위하여 고민하고 갈등하고 방황하는 것을 업으로 한다. 이 책에는 한국교회건축가회의 9명 건축가들의 다양한 사고가 표현된 실체로서의 교회건축물들이 게재되어 있다. 나는 이 분들에 비하면 교회건축 디자인 경험이 그다지 많지 않다. 오히려 건축공부를 하는 과정을 통하여 종교를 이해하려고 하였거나, 아니면 종교를 깊이 있게 이해하기보다 나의 건축을 더 좋은 작업이 되게 하려고 종교를 이해하였던 것 같다. 나는 지금도 하나님은 하늘에 계실 것이라는 어릴 적 믿음을 완전히 나의 마음속에서 지워내지 못한 정도이다. 이와 같은 자기 고백을 시작으로 건축가의 입장에서 글을 시작하려고 한다.

〈의문으로부터 시작하는 무한영역의 교회건축〉

종교에 대한 경험이 미천한 나로서는 교회건축의 많은 내용들은 의문으로부터 시작된다. 교회는 히브리어로 ekklesia (에클레시아)라고 하는데 그 뜻은 "하나님을 예배하기 위하여 불러냄을 받아 모인 사람들의 모임" 이라고 한다. 그리고 또 다른 의미는 "교회를 하나님 몸과 말씀의 형상화"하는 것이라고 한다. 그런데 시작부터 의문에 의문이 꼬리를 물고 일어난다. 교회, 예배, 불러 냄, 하나님 몸, 말씀의 형상화, 교회건축 등등

이와 같은 형이상학적인 요소들이 비가시적 실체로서의 하나님과 예수 그리스도는 존재이면서 비존재인 대상으로 그에 대한 올바른 인식을 기저로 한 교회 건축은 태생이 모호할 수밖에 없을지 모른다. 특히 철학가 니이체 이후로...

이와 같은 의문에 대하여 여러 건축가들은 작품을 통하여 풀어주어야 할 것이다. 그렇지 않으면 게재된 많은 교회건축 작품들은 의문으로 시작하여 여전히 의문만을 남긴 채 일반건축과 별반 다를 것 없는 건축으로 남을 가능성이 매우 높아지기 때문이다. 교회건축을 의문투성이로 남지 않게 하려면 우리 건축가들이 어떻게 하여야 하는가에 대하여 진지하게 건축작품을 통하여 답하여야 할 것이다.

〈내용과 형식으로서의 교회건축, 그 관계의 알고리즘〉

우리 건축가들은 기본적으로 "건축은 무엇인가?"에 대한 끊임없는 자문자답을 하면서 건축행위를 한다. 주지하다시피 건축은 인문학과 자연학 모두에 관계하며, 그 둘의 융합된 총체적 영역을 다루는 학문이다. 그 대상은 인간이고 그 바탕은 자연이기 때문이다. 또한 건축적 의미의 내재성과 외재성은 거의 무한대이다. 그래서 건축은 해답이 없다고 하는지도 모르겠다. 여타 예술영역도 내용과 형식을 갖지만 특히 종교건축에서의 내용으로서의 의미는 더욱 그러하다. 그 이유는 신과 인간의 관계 때문이다.

'과연 신은 존재하는가?' '존재한다면 신은 어디에 존재하는가?' '신과 인간은 어떻게 만나야 하는가?' '인간은 신을 어디에서 만날 수 있는가?' '신과 인간의 관계를 어떻게 이해해야 하는가?' 등 우리 인간들이 답하기 어려운, 떨쳐버릴 수 없는 의문들 때문이다.

건축은 내용으로서의 정신적 영역이며 비가시적인 영역으로 영혼의 세계까지를 포함한 내재성과 관계한다. 그리고 동시에 형식이라는 외형적 영역의 가시적인 요소들로서의 형태적 외재성과도 관계한다. 내용 속에 형태 부분이 있고, 형태 속에 내용 부분이 있음은 서로 상호의존 관계임을 우리들은 잘 알고 있다. 건축은 형태와 공간을 매개로하여 여러 재료들의 질료들이 빛을 통하여 인간의 오감을 자극하여 그 모습을 드러내게 되는 것이다. 여러 건축디자인 영역에서도 난해한 대상이 종교건축이 아닌가 한다. 내용으로서의 영혼의 내재성을 확보하기가 쉽지 않음은 그 대상인 존재의 실체가 비존재의 실체로 다가 오도록 하여야 하기 때문이다. 교회건축에서 하나님에 대한 올바른 이해와 말씀에 대한 올바른 인식이 건축의 기저에 자리하지 않으면 훌륭한 교회건축을 만들기 어려울 것이다. 그래서 종교 및 교회건축디자인이 어려운 것이다.

그래서 독자들은 더 궁금해진다. 교회건축에서 내용과 형식, 두 관계의 알고리즘 결과들이...

〈은유와 상징으로 가득한 교회건축 - 존재와 비존재 사이의 관계맺기〉

하나님, 즉 신은 현실에 부재하면서 형상과 상징을 통한 실체적 존재로서 비(非)존재적 대상이다. 신을 위한 공간은 궁극적으로 인간이 사용함으로서 인간을 위한 공간이기도 하다. 일반적 건축공간은 각 시대적 삶의 욕구에 의하여 합목적적 공간의 가시적 형식을 갖거나, 때로는 각 시대의 시대정신에 의하거나, 정신적 이데올로기에 적합한 건축공간과 형태를 갖는다. 그러나 신을 위한 공간, 하나님의 말씀을 형상화하고, 하나님의 뜻을 공간화하고,

하나님의 몸을 형상화한다는 것은 존재의 비존재에 대한 애매모호함이 존재하기 때문에 표현이 용이하지 않은 것이다.

인간의 한계 너머 실체의 비존재에 대한 형상화 작업은 상상으로 가득한 은유와 상징으로 형상화할 수밖에 없을지도 모르겠다. 각 건축가들은 종교적 인식과 신념을 근거로 나름의 해석과 상상을 통하여 추상적인 은유와 상징의 형태언어를 사용하여 건축할 것이다.

과연 교회건축을 건축함에 있어서 형태 및 공간에 대한 디자인 근거는 없는 것인가? 성경 말씀 창세기 1장 27절의 "하나님이 자기 형상 곧 하나님의 형상대로 사람을 창조하시되 남자와 여자를 창조하시고..." 를 들여다보자. 그 분의 형상을 본 따서 만든 인간들의 모습은 하나님의 형상과 유사함을 표현한 것이다. 이 언어에는 하나님을 위한 공간이 인간을 위한 공간이고, 인간을 위한 공간이 하나님을 위한 공간임을 암시하고 있다고도 볼 수 있다. 역설적으로 가장 인간들을 위한 교회공간이 가장 하나님을 위한 공간이 될 수 있다고 생각한다. 이는 존재와 비존재 사이의 관계 맺기로 하나님과 인간의 관계를 이해하여 건축하는 방법이 되지 않을까 생각한다. 그래서 교회건축에서 하나님을 위한 공간은 지극한 인간 사랑으로 시작하여야 할 것이다.

마치면서...

이 작품집은 현 시대 한국 교회건축의 단면을 보여주는 건축가들의 공동 작품집이다. 이 책에 게재된 여러 건축가들이 교회건축을 어떻게 이해하고 그 인식 된 바를 어떻게 표현하느냐에 따라 이 땅의 많은 신자와 성도 분들의 신앙과 삶에 지대한 영향을 지속적으로 미치게 될 것으로 생각된다.

처음 한국교회건축가회에서 서문을 부탁해 왔을 때 나는 종교건축을 전문으로 하거나 특히 교회건축을 설계해본 경험이 미천하기 이를 데 없어 많은 걱정을 하였다. 나의 종교건축의 경험이란 수도자들을 위한 건축공간인 '묵당'이 전부이다. 글을 쓸려면 적어도 내 자신 스스로에게 믿음이 갈 정도로 그 대상에 대한 지식이 성숙되어 있을 때 펜을 잡아야함이 마땅할 것이다. 그러나 부족하지만 Now & Here 에 충실하자고 스스로 위안을 삼았다. 끝으로 부족한 나의 글로 한국교회건축가회에 누가 되지 않았음 하는 생각과 이 분들의 책이 한 알의 밀알이 돼서 앞으로 한국 교회건축의 참고가 되고 시대적 징표가 되기를 간절히 바라면서 글을 마치고자 한다.

건축가 배병길

감사의 글

한국교회건축가회가 교회건축을 많이 하는 건축가들에 의해 자연스레 태동한지도 몇 해가 훌쩍 지났다. 온통 경기설계로 추진되는 현재의 교회건축설계 진행방식에서 누군가 선정되면 나머지 참여한 사람들은 낙담을 하게 되는 것이고 이는 비단 건축계뿐이 아닌 여타분야에서도 경쟁이 필수로 된 현대사회에서 이미 고착화된 시스템이라 어쩔 수 없는 것이 되어 버렸다.

그러나 좀 더 바람직한 선의의 장을 만들고자 우선 열 명의 건축가가 얼굴을 마주대하게 된 것이다. 돌아서면 경쟁 상대이나, 그래도 좀 더 납득 가능한 경기풍토를 조성하고 또 반대편에 있는 교회를 좋은 건축주가 되게 하는 계몽의 역할을 하자고 한 것이다.

그간 우리끼리는 좋은 분을 초빙하여 같이 듣고 또 작년 말에는 드디어 광림교회 창천홀에서 제1회 전시회 및 세미나를 하게 되었다. 두 행사는 시간이 지나면 기억에서 잊혀지는 행사에 속한다면 이제 아홉 명의 건축가가 공동으로 작품집을 출판하게 되었는데 이는 시간이 흘러도 관계없는 두고두고 한국교회건축계에 남게 되는 의미 있는 족적이 될 것이다.

교회건축가회 회장
건축가 최동규 / 서인건축

소개의 글

이 책자는 한국 교회건축의 아름답고 건강한 교회를 세우기 위한 한국 교회 건축가회 의 논의에서 시작하였으며, 한국 교회 건축을 대표하는 9명의 건축가가 건축적 철학과 사명감을 바탕으로 각고의 노력 끝에 작업된 다양한 방식들의 작품들로 구성되어 있습니다.

교회는 하나님의 몸이자 소통의 공간으로 하나님을 기쁘시게, 사람을 행복하게, 세상을 아름답게 하고자 하는 종교적인 의미와 빛, 재료의 물성, 다양한 내외부 공간 등을 통해 친환경적이며 지속가능한 건축적 의미가 담겨야 합니다.

현대사회는 물리적인 공간의 경계가 점차 그 의미를 잃어감에 따라 많은 것들의 경계 및 차이, 구분이 불분명해지는 모습으로 변해가고 있습니다. 그러므로 새로운 교회를 만들어가는 과정은 사람들의 행위를 사고의 중심에 놓고 사람들 간의 만남, 교회와 하나님과의 소통에 대한 관심, 나아가 도시와 사회의 공공적 역할에 대한 의지에서 출발합니다. 끊임없이 변하는 사회와 도시에서 연속적 흐름을 갖는 동선과 공간을 통하여 장소와 배경이 통합되어지고 일상의 의미를 담을 수 있는 다기능적 교회를 추구하게 됩니다. 길과 마당 그리고 비워진 장소는 도시와 지역주민에게 만남의 공간, 문화의 장으로써 공공적 역할을 하며 흐르는 공간, 살아 숨쉬는 장소로 거듭나게 됩니다.

이상은 한국교회건축 책자를 구성하고 조율하는 코디네이터로서의 짧은 생각이며, 책의 이해는 건축가들의 작품과 설명을 살펴본다면 상당부분 이해가 가능할 것이라 생각됩니다.

깊이 있고, 아름다운 한국교회건축을 대표하는 한국 교회건축 작품집은 교회와 학생, 일반인과 건축인들 모두에게 보다 다양한 선택과 유익함을 주고자함이며, 출간에 참여하신 한국 교회건축가회 훌륭한 선배 건축가님들과 시공문화사에 감사의 마음을 전합니다.

코디네이터
건축가 임성필 / 집 파트너스 건축

Content

**010 \ 김대식 **

(주)하나플러스 건축사사무소 \ HANAPLUS

**046 \ 백창건 **

(주)세진예공 건축사사무소 \ SEJIN ART SPACE DESIGN GROUP

**084 \ 양민수 **

(주)아벨종합건축사사무소 \ ABEL

**122 \ 윤승지 **

규빗 건축사사무소 \ CUBIT

**164 \ 이충기 · 서울시립대학교 **

(주)한메 건축사사무소 \ HANMEI

**216 \ 이용우 **

칸·도시건축사사무소 \ ARCHITECT GROUP CAAN

**256 \ 임성필 **

집 파트너스 건축사사무소 \ ZIP PARTNERS

**292 \ 최동규 **

(주)서인 종합 건축사사무소 \ SEOINN

**326 \ 최두길 **

(주)야긴 건축사사무소 \ YAGIN

01

김대식

(주)하나플러스건축사사무소

HANAPLUS

"작은교회가 아름답다."

神앞에 작은者 되어 禮拜空間을 바라본다.

한 영혼의 쉼이 있고, 삶에 대한 열정이 있으며
主를 통한 참 평안이 있다.

한 줄기 빛이 내려 앉는다.
세상을 구원할 생명의 빛이다.
그 빛을 향해 나아간다.

하나님을 향한 "작은소망" 이 있는 教會.
삶의 아름다움이 펼쳐지는
그런 空間을 꿈꾼다.

- 교회건축가 김대식 -

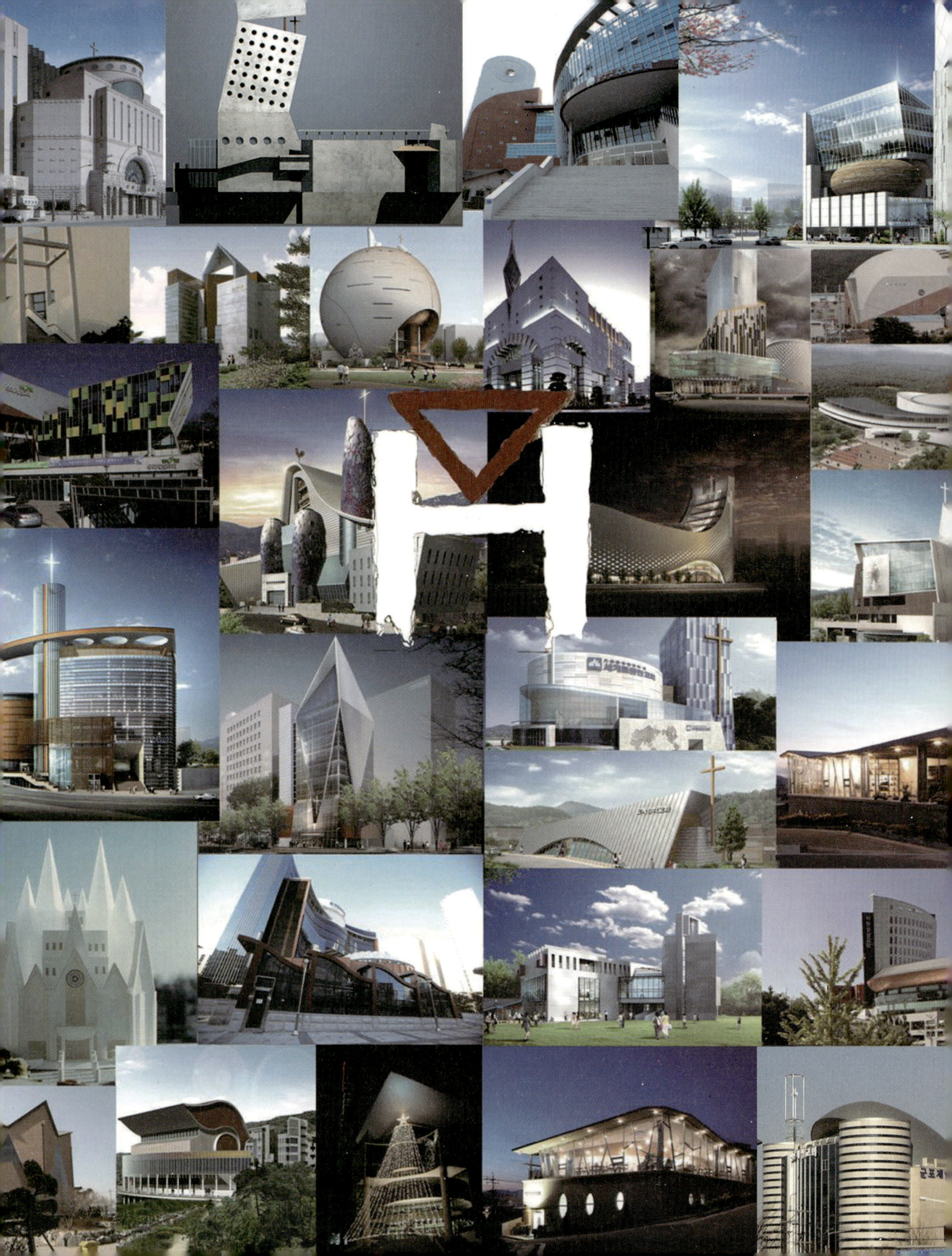

KIM, DAE-SIK

홍익대학교 건축학과 동대학원 졸업, 1984-2004(주)하나그룹 교회건축가, 2004-현재(주)하나플러스 대표이사, 수원과학대학교 실내디자인과 겸임교수, 건축가협회 정회원, 실내건축가협회 정회원, 제3회 건축대전입상, 제28회 건축대전 초대작가, 2012년 교회건축문화대상 최우수상(세계로 금란교회), 2014년 제3회 국민미션어워드 수상

하 · 나 · 플 · 러 · 스 는

1985년 부터 2004년 까지 하나그룹에서 교회건축설계 디자인을 총괄하던 대표자가 2004년 교회건축 설계전문회사를 설립함으로써 그 첫발을 내딛었습니다. 대표자가 교회건축에 입문했던 횃불선교센터(양재동) 당시의 초심을 잃지 않겠습니다.

교회건축 설계를 통해 다음과 같은 비전을 실천하고자 합니다.

1. 세계선교를 향한 건축선교사 양성의 비전
2. 통일후 북한지역 5,000여 교회 건축설계 를 위한 준비
3. 다음세대를 위한 교회건축디자인의 새로운 패러다임 제시

PROJECT LIST

01 왕십리 감리교회 / 부전교회 계획안 … 14

02 고척교회 · GOCHEOK CHURCH … 20

03 우리제일교회 · WOORIJEIL CHURCH … 22

04 아현성결교회 · AHYUN CHURCH … 30

05 고궁교회 · GOGUNG CHURCH … 36

에필로그 · EPILOGUE … 44

WANGSIMNI CHURCH

왕십리 감리교회 설계경기(안)

김대식 / (주)하나플러스건축사사무소

100년전 한 알의 씨앗이 이 땅에 뿌리워졌습니다. 그 씨앗은 움터서 세월이 흘러 한 그루 나무가 되었습니다. 나무는 자라면서 비바람에 꺾이우고 흠집도 생겨났으나 마당을 가득 채우는큰 나무로 성장하였습니다. 이제 우리는 그 나무를 재목 삼아서 하나님의 전을 건축하고자 합니다. 나무가 베어진 그 자리에 남겨진 시간의 켜는 그 동안 자라온 우리들의 발자취였습니다.

설계년도 : 2008년
위치 : 서울시 성동구 하왕십리 주택개발 사업지구내
규모 : 지하4층, 지상8층
연면적 : 5,900평
회중석수 : 1,650석

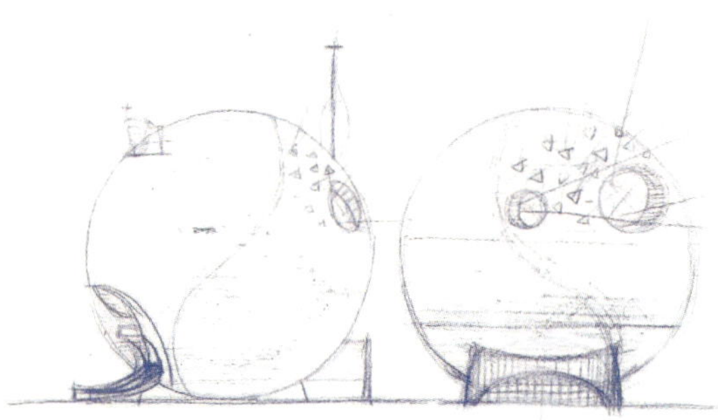

내부 계획 평면 및 각 층별 계획도

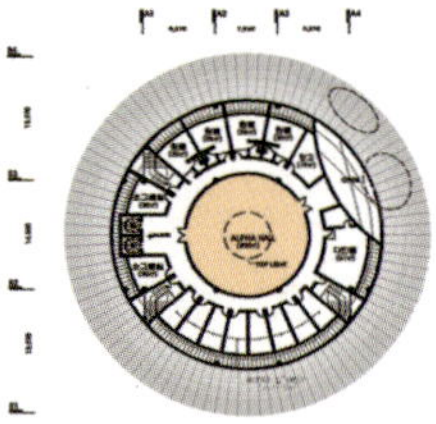

8층 평면도
ALPHA 전용공간
-알파홀, 소그룹실, 게스트룸

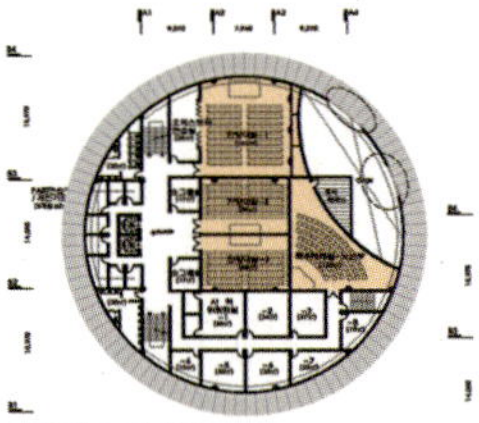

7층 평면도
예배보조공간
-찬양대실, 사역위원회실 등

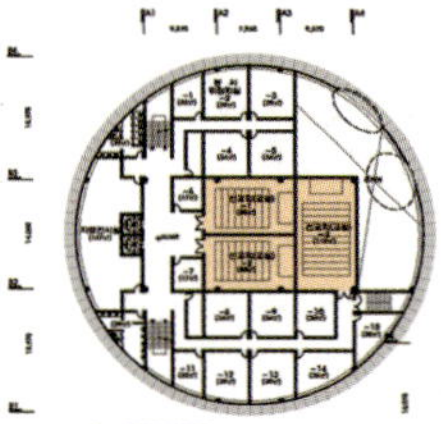

6층 평면도
선교회 전용공간
-선교회교실, 봉사위원회실

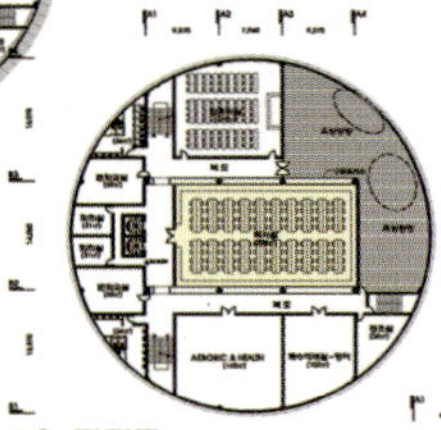

5층 평면도
지역오픈 문화공간
-독서실, 컴퓨터실, 문화교실
특수예배실, 회의실, 옥상광장

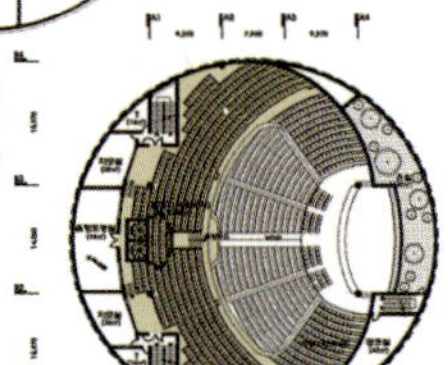

4층 평면도
예배공간
-대예배실(발코니), 자모실

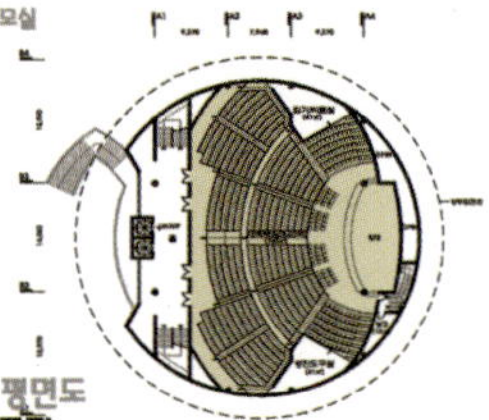

3층 평면도
예배공간
-대예배실

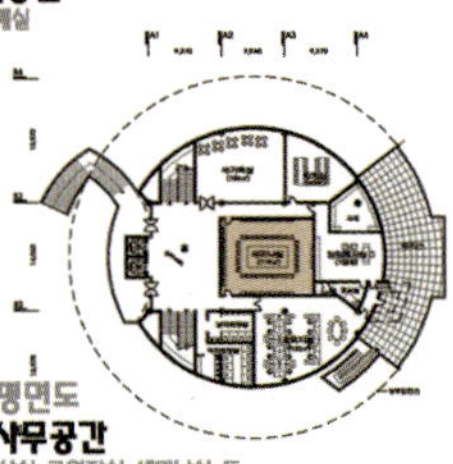

2층 평면도
행정사무공간
-담임목사실, 교역자실, 세미나실 등

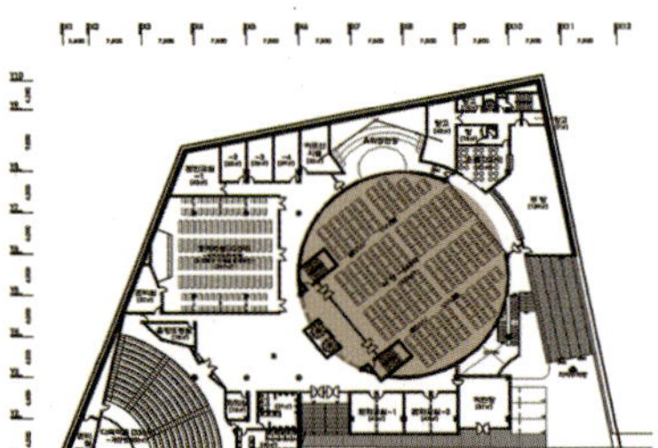

지하1층 평면도
교육공간 및 문화공간

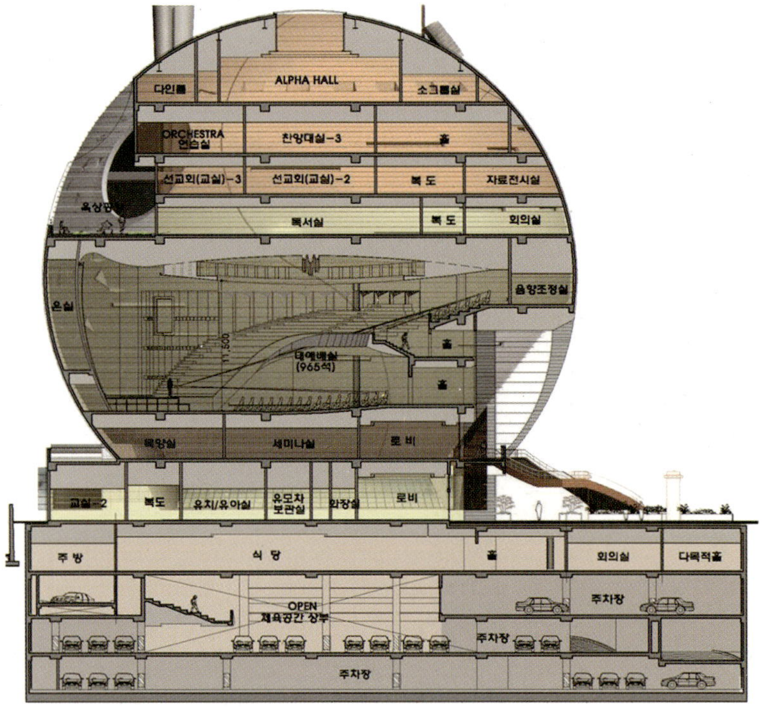

외부계획

정면도
배면도

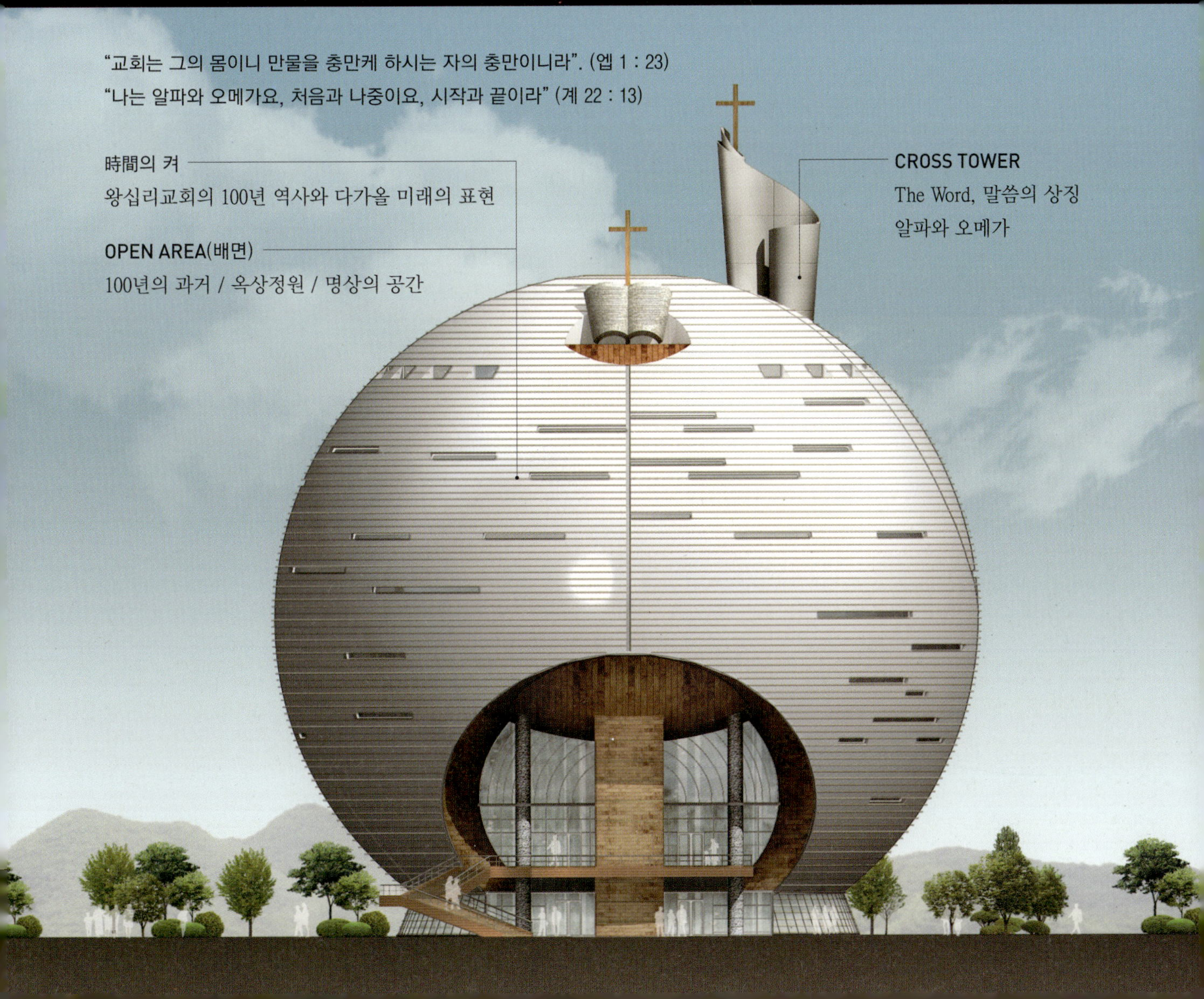
"교회는 그의 몸이니 만물을 충만케 하시는 자의 충만이니라". (엡 1 : 23)
"나는 알파와 오메가요, 처음과 나중이요, 시작과 끝이라" (계 22 : 13)
時間의 켜
왕십리교회의 100년 역사와 다가올 미래의 표현
OPEN AREA(배면)
100년의 과거 / 옥상정원 / 명상의 공간
CROSS TOWER
The Word, 말씀의 상징
알파와 오메가

BUJEON CHURCH

부전교회 설계경기(안)

김대식 / (주)하나플러스건축사사무소

설계년도 : 2011년 위치 : 부산광역시 동래구 사직동
규모 : 지하3층, 지상10층 연면적 : 11,470평
회중석수 : 2,800석

디자인 컨셉

복음전파의 사명 (전파)

+

하늘소망 (비상)

+

거듭남 (변화)

→

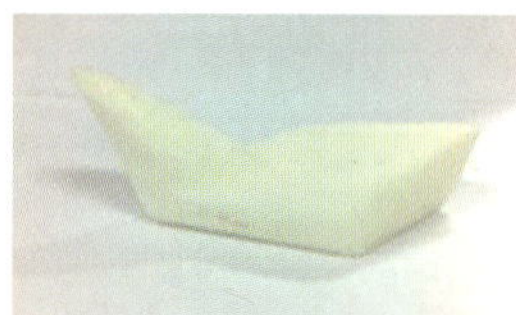

조각배

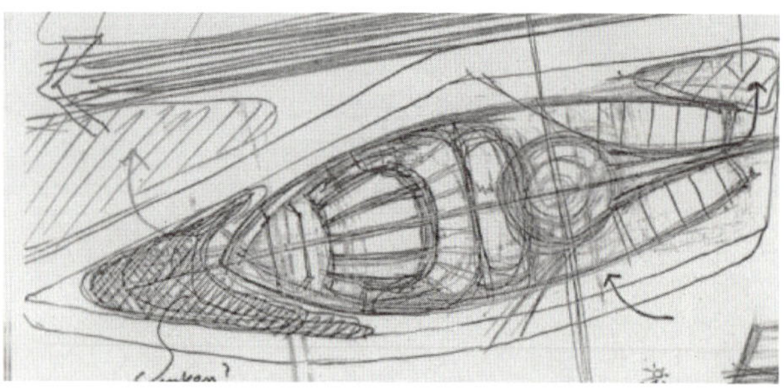

형태적 의미

항해하는 복음배 대지의 흐름 을 따른 매스순응
랜드마크 도시의 바다를 항해하는 복음선

비 상 형태적 의미 - 날개 쳐 올라가듯
하나된 교회 저층부 와 고층부를 자연스럽게 연결

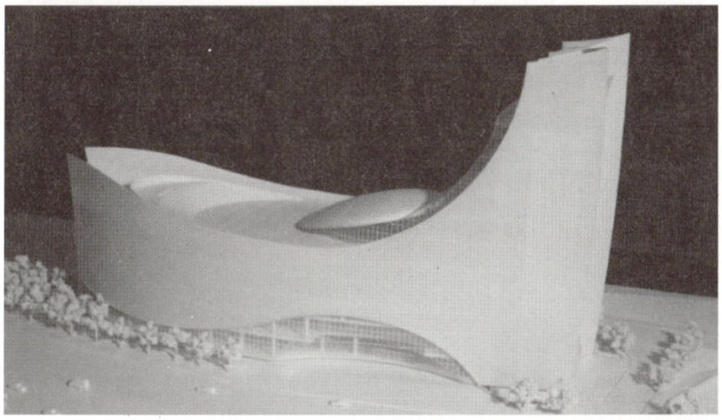

경관조명계획

건축물 외부디자인 요소를 적극 활용하는 빛의 이미지 구현, 특징적인 요소의 반복을 통해 리듬감 있는 경관체험 유도

GOCHEOK CHURCH

고척교회

김대식 / (주)하나플러스건축사사무소

준공년도: 2012년 위치: 서울시 구로구 고척동 규모: 지하4층, 지상8층
전체연면적: 7,550평 회중석수 2,400석

타원형의 본당과 원주형태의 교육관이 중앙의 유리 엘리베이터 와 함께 십자가(그리스도의 형상)로 하나가 되게 함.

롬 12:05 "이와 같이 우리 많은 사람이 그리스도 안에서 한 몸이 되어 서로 지체가 되었느니라."

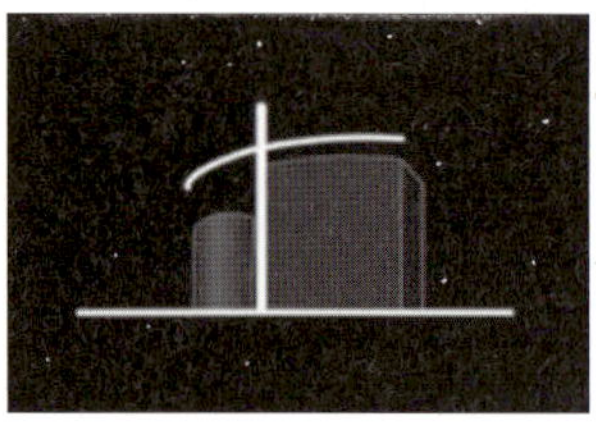

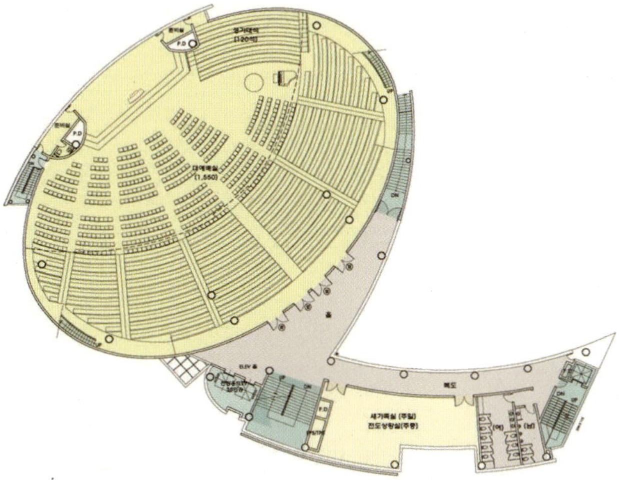

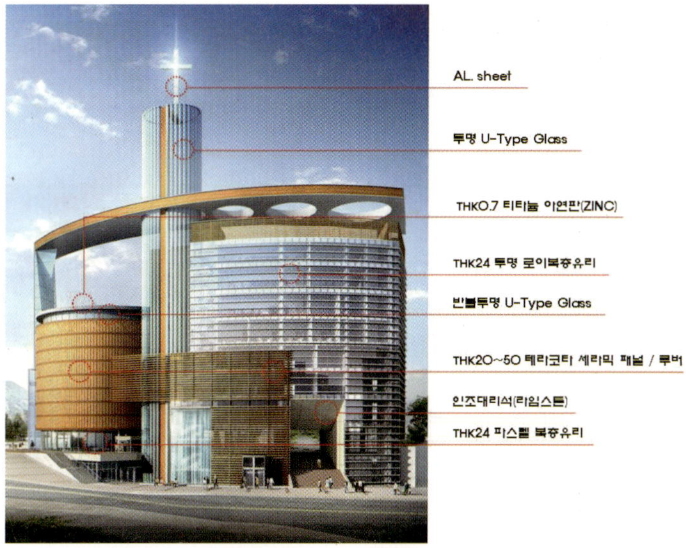
AL. sheet
투명 U-Type Glass
THK0.7 티타늄 아연판(ZINC)
THK24 투명 로이복층유리
반불투명 U-Type Glass
THK20~50 테라코타 세라믹 패널 / 루버
인조대리석(라임스톤)
THK24 파스텔 복층유리

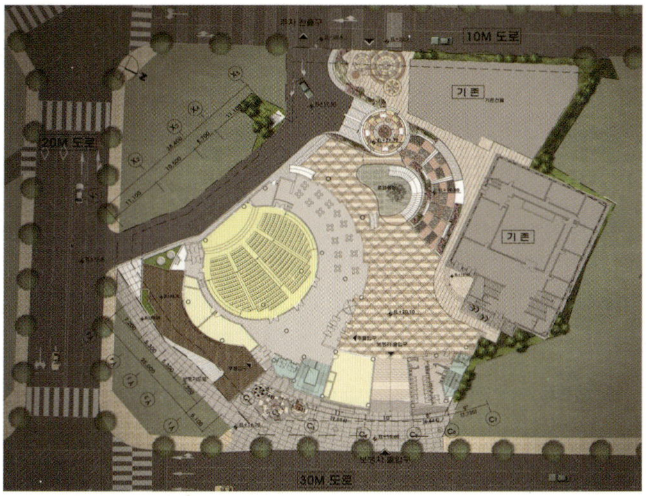
10M 도로
20M 도로
기존
기존
보행자 출입구
30M 도로

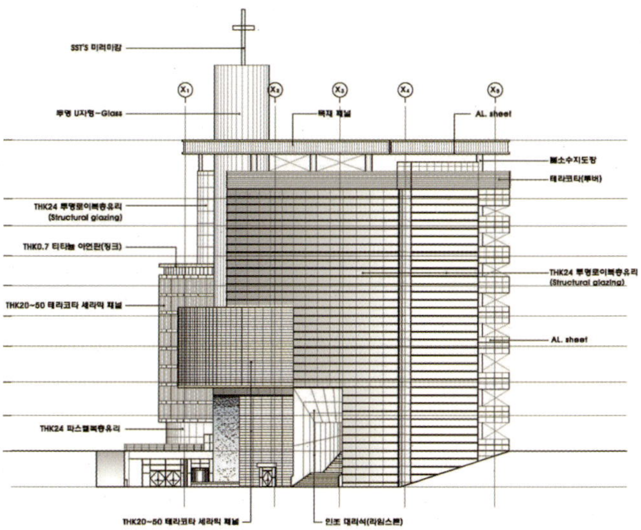
SST'S 미러마감
투명 U자형-Glass
목재 패널
AL. sheet
불소수지도장
테라코타(루버)
THK24 투명로이복층유리
(Structural glazing)
THK0.7 티타늄 아연판(징크)
THK24 투명로이복층유리
(Structural glazing)
THK20~50 테라코타 세라믹 패널
AL. sheet
THK24 파스텔복층유리
THK20~50 테라코타 세라믹 패널
인조 대리석(라임스톤)

WOORI CHURCH

우리제일교회

김대식 / (주)하나플러스건축사사무소

우리제일교회 의 화두는 "꿈" 그리고 "품" 이다. 하나님 주신 꿈으로 세상을 품자. "겨자씨는 모든 씨앗들 가운데 가장 작은 씨앗이지만 자라면 모든 풀보다 더 커져서 나무가 된다. 그래서 공중에 나는 새들이 와서 그 가지에 깃들게 된다"(마:32)

우리제일교회가 건축을 통해 큰 숲을 이루는 교회가 되기를 소망한다. 하나님의 "품"인 그 숲에 많은 새들이 와서 가지를 깃들고 복음의 씨앗들을 전하는 귀한 영혼이 되어서 세상 땅 끝까지 하나님의 "꿈" 을 전하는 복음의 근원처.

주된 컨셉은 "숲" 이다. 상처받은 영혼들이 예배당에 모여 말씀으로 그 상처를 치유받고 세상에 나가 복음을 전하는 교회! 그 교회가 우리제일 교회다.

준공년도 : 2012년 준공
위치 : 경기도 수지 보정동
규모 : 지하4층, 지상4층
연면적 : 2,365평
회중석수 : 700석

WOORIJEIL
화요사랑방 16기
하나님은 모든 사람이 구원 받기를 원하십니다

디자인 컨셉

오래된 느티나무 두 그루와 유리십자가탑.
십자가의 형태의 건물배치로 교회의 상징성 강조 - 건물의 배치는 그리스도를 상징하는 십자가.
대지형태에 순응하는 배치형태와 건물 뒷 자연환경과 조화되는 계획.

남측면도 "숲"을 이루다. "숲"과 하나가 되다.

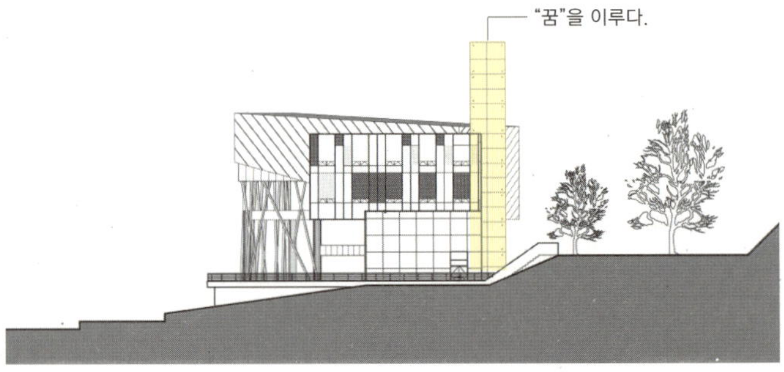

동측면도 십자가 - 느티나무: 시간을 담은 십자가탑

주변환경과 조화되는교회건축

교회건축 고유의 외관형태 보다는 주변환경과의 어울림과 기하학적 상징요소에 집중하였다. 배경을 이루는 초록의 산과 어울리는 Facade - 건물이 숲의 일부가 되다. 대지형태에 순응 하며 주위 자연환경과 조화로운 열려진 공간을 계획하였다. (Open space를 확보, 보행공간과 지역주민을 위한 쉼터공간을 계획.)

열린교회를 위한 교회건축

전통적인 교회건물의 이미지를 탈피하고, 사람들이 쉽게 접근 할 수 있도록 친금감이 있고 아름다운형태로 계획하였다. 평일에는 빈공간을 개방하여 지역사회를 위한 프로그램을 수용하고 지역공동체를 위한 커뮤니티센터 의 역할을 할 수 있게 하였다. 유리소재를 적극적으로 사용하여 열린교회의 투명성을 표출하고 메탈소재의 수직요소를 강조하여 현대적인 이미지로 구성 되도록 계획하였다.

서측면도 I

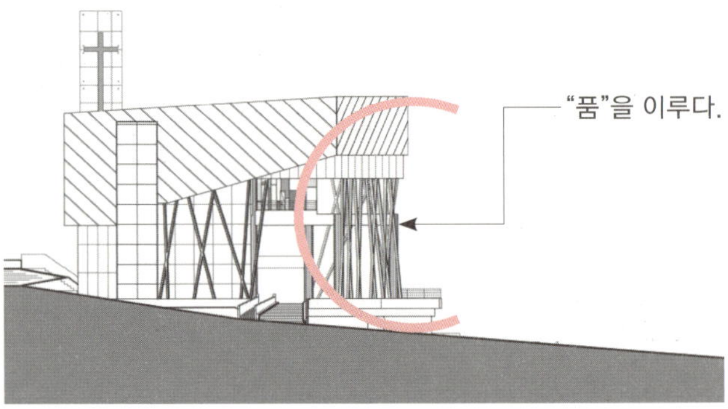

본당의 구성

유니크한교회의 외관과 컨셉을 공유하는 통일감 있는 내부공간 구성, 설교단 중심으로 양옆의 다수의 측벽면들은 성막을 휘덮던 휘장과 막들을 의미 하고, 천장과 벽면사이를 통해 보이는 생동감 넘치는 곡선의 빛들은 성막사이에서 새어 나오는 신비하고 성스러운 빛을 상징하여 이 빛은 자연스럽게 설교단 방향으로 움직이게 표현함으로써 회중의 시선을 자연스럽게 모이도록 의도하였다.

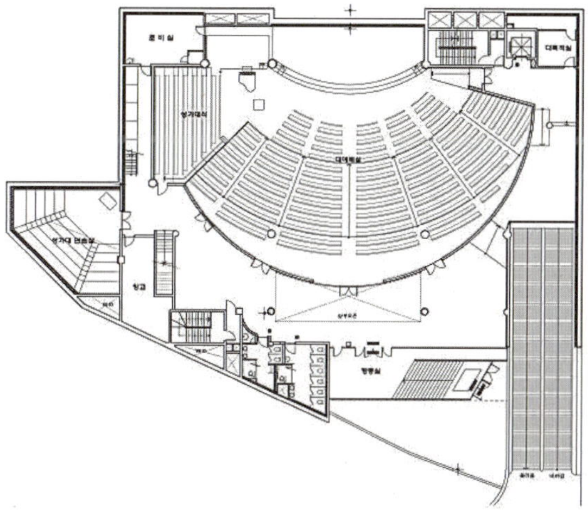

재료와 색상 면 에서는 절제감이 있고 세련된 현대감각을 표현하되 밝고 따뜻한 느낌을 주는 마감재료와 컬러를 선정, 하층700석의 부채꼴 모양 좌석배치로 공간의 집중성을 강조 하도록 유도

지상 1층 평면도

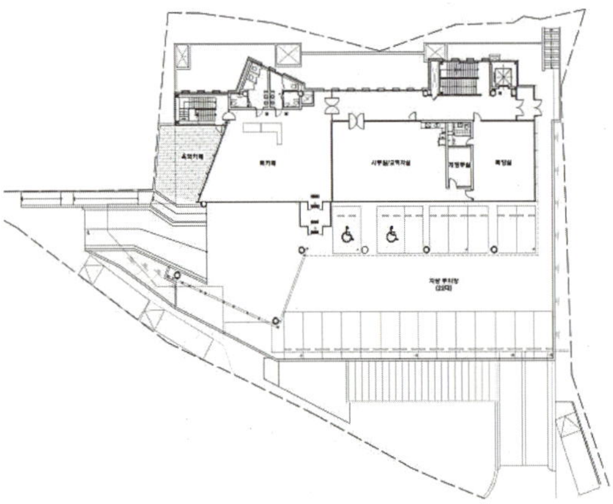

필로티 오픈스페이스 를 활용한 개방공간 구성, 지역사회와 소통하는 열려진 카페와 심플한 기능배치로 동선을 간결하게 설계

지상 2층 평면도

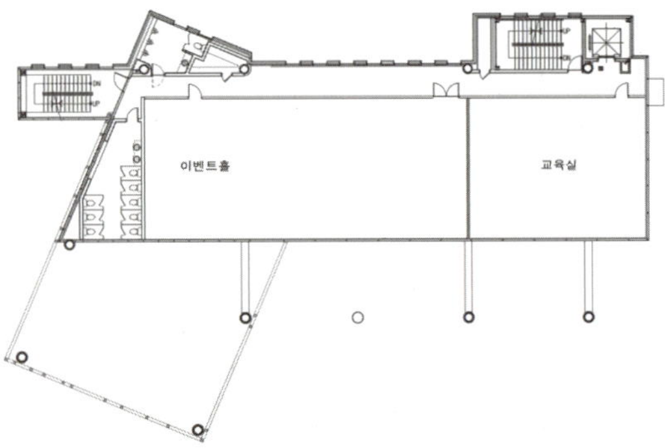

다목적 홀의 기능으로 교회의 다양한 모임과 행사를 가능케 하는 공간

지상 3층 평면도

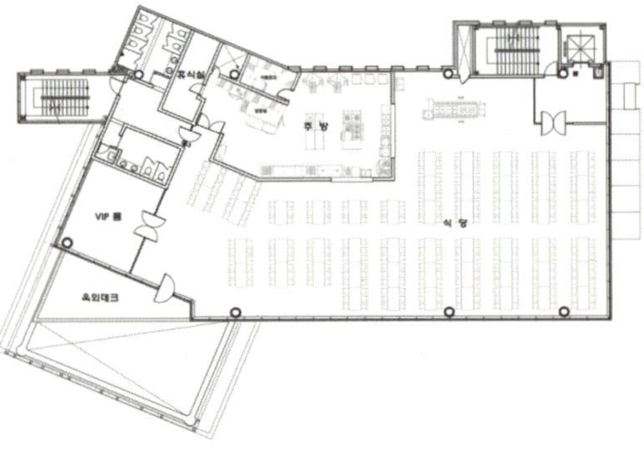

성도의 교제가 풍성한 경관 좋은 300석 친교식당
자유급식과 자동세척이 있는 기능성 주방

지상 4층 평면도

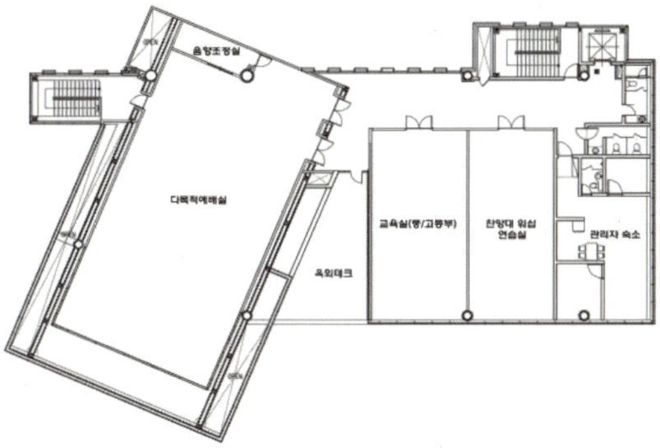

단면도 그리스도 공동체로서 다양한 활동을 담고 커뮤니티 공간에서 요구되는 개방성과 열린 시설들을 제공함으로서 지역사회와 한국교회를 섬기며 미래사회의 공동체성을 회복하는 역할을 감당할 수 있는 교회건축을 추구하였고, 세계를 향한 선교비전을 지향하는 교회의 목회비전이 건축에 담아질 수 있도록 설계하였다.

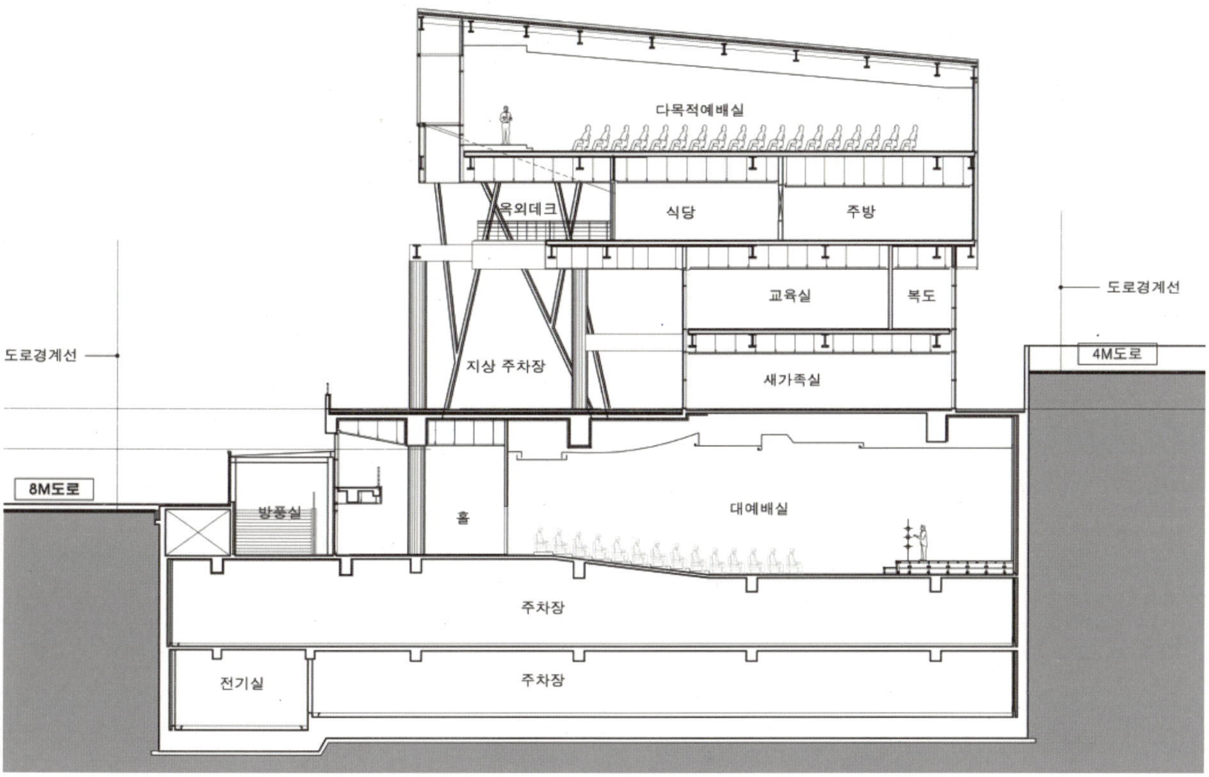

아현성결교회

100주년 기념 예배당

김대식 / (주)하나플러스건축사사무소

복음을 싣고 떠나는 배!

100년 전 이곳에 그리스도 복음의 씨앗이 뿌려지고 그 씨앗이 발아하여 자라나 큰 거목이 되어 세상을 품는 구원의 방주 모습으로 다시 태어났다. 그 옛날 성결신학교가 세워졌던 역사 깊은 한국 성결교회의 산실이 되었던 땅에 100년 선교역사를 기념하기 위하여 기념관을 건축하고 새 성전 을 꿈꾸었다.

준공년도 : 2013년 준공
위치 : 서울시 서대문구 충정로
규모 : 지하4층, 지상10층
연면적 : 3,870평
회중석수 : 1,504석

디자인 컨셉

전체적인 외형컨셉은 본질적인 교회 사명에 그 상징을 두고 있다. 선교의 역사를 기리는 "범선의 돛" 과 "기도하는 두 손" 그리고 한국 전통건축의 조형성을 드러내는 지붕과 처마곡선 이미지를 담았다. 한국 땅에서 성장한 복음의 씨앗이 온 세계에 뿌려지는 세계선교의 이미지를 담았다.

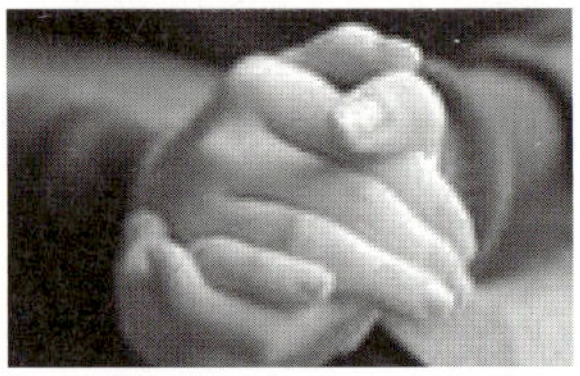

SECTION

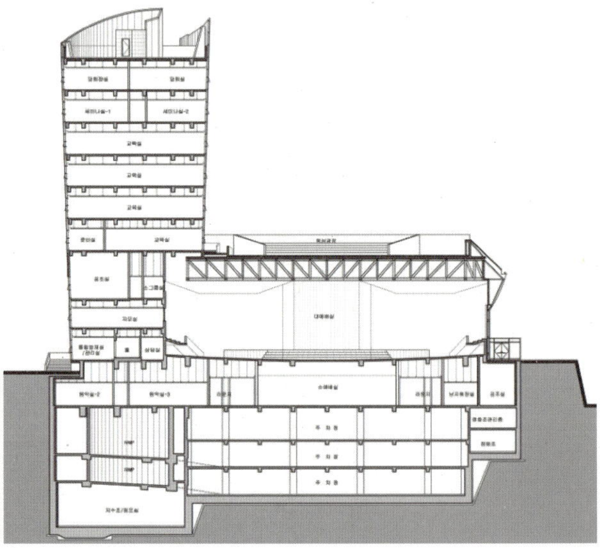

외부공간계획

" 지역주민과 함께하는 자연녹지공간 "
벧엘 옥상광장
◦다양한 교제의 장 형성
◦소규모 공연및 문화활동 가능한 계단식스탠드 형성
◦뉴타운의 근린녹지와 연계를 통한
지역주민의 커뮤니티공간 형성
에덴 산책로
◦인근주민의 자유로운 산책 및
휴식이 가능한 장소제공
본당
교육센타
(5F)
6M도로
아현교회
(2F)
EL+4.0
SUNKEN
선교센타
로뎀광장
로뎀 데크광장
◦식당앞 데크광장를 형성하여 확장식당 및 자연과의 연계
Square
◦ 포장패턴에 방향을 형성하여
공간의 유기적흐름 부여
진입광장
◦전면도로에서의 편안한 진입을
유도하는 경사형광장

대예배당 계획

대예배당은 900석과 600석으로 구분되어 1층과 2층으로 나뉘어진다. 대예배실 내부는 삼위일체의 하나님과 그 말씀을 상징하는 두루마리 형상의 천정 구성을 갖고 있다. 대예배실 하부의 원형 중예배실은 450석 으로 소극장으로 적극 개방 한다. 식당은 1층 로비와 연계되어 배치되어 있고 교육관의 기능은 복음선의 돛 형상으로 의도된 타워에 배치되어 있다.

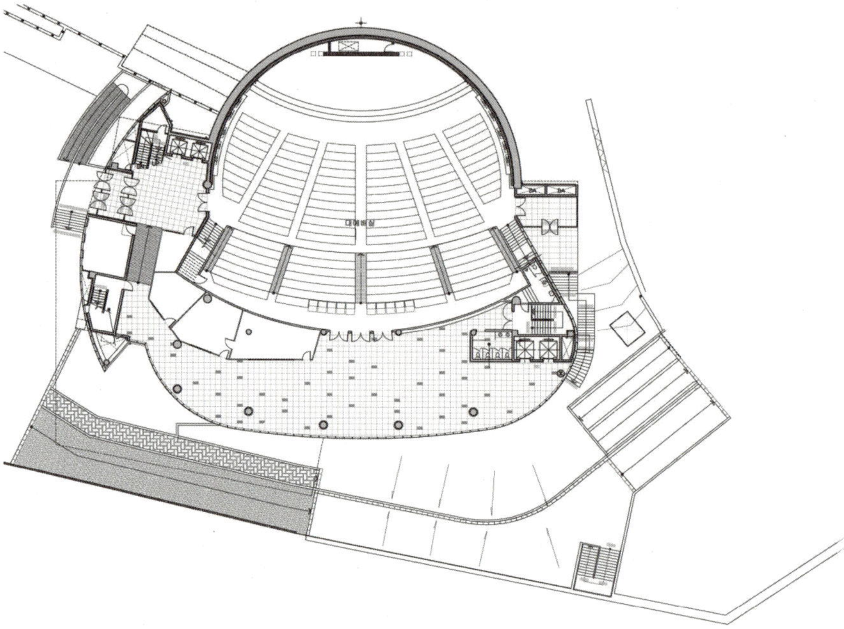

GOGUNG CHURCH

고궁교회

김대식 / (주)하나플러스건축사사무소

설계의 컨셉은
"예수그리스도 생명의 말씀을 전하라"는 주님의 명령을 수행하는 방주이다.

그리스도의 "사랑"을 담고, "소통과 찬양"을 담으며, 은혜의 "빛"을, 그리고 하나님을 향한 "소망"을 담으려 한다.

준공년도 : 2014년 준공
위치 : 경기도 평택시 장안동
규모 : 지하3층
연면적 : 354평
회중석수 : 350석

디자인 컨셉

새로운 방주의 컨셉을 통하여 우리는 예수생명의 말씀을 세상 땅끝까지 전하는 복음의 전도자가 되기 위하여 교회와 세상이 소통하며, 하나님의 사랑이 멈추지않고 원활하게 동작하도록 모든 기능 안에 소통의 코드를 담았다.

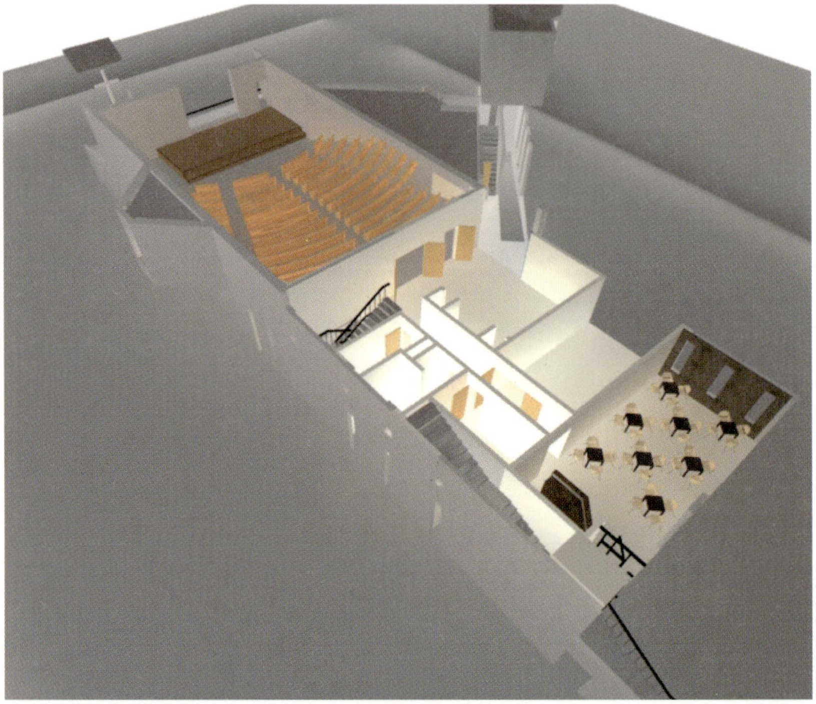

배치도

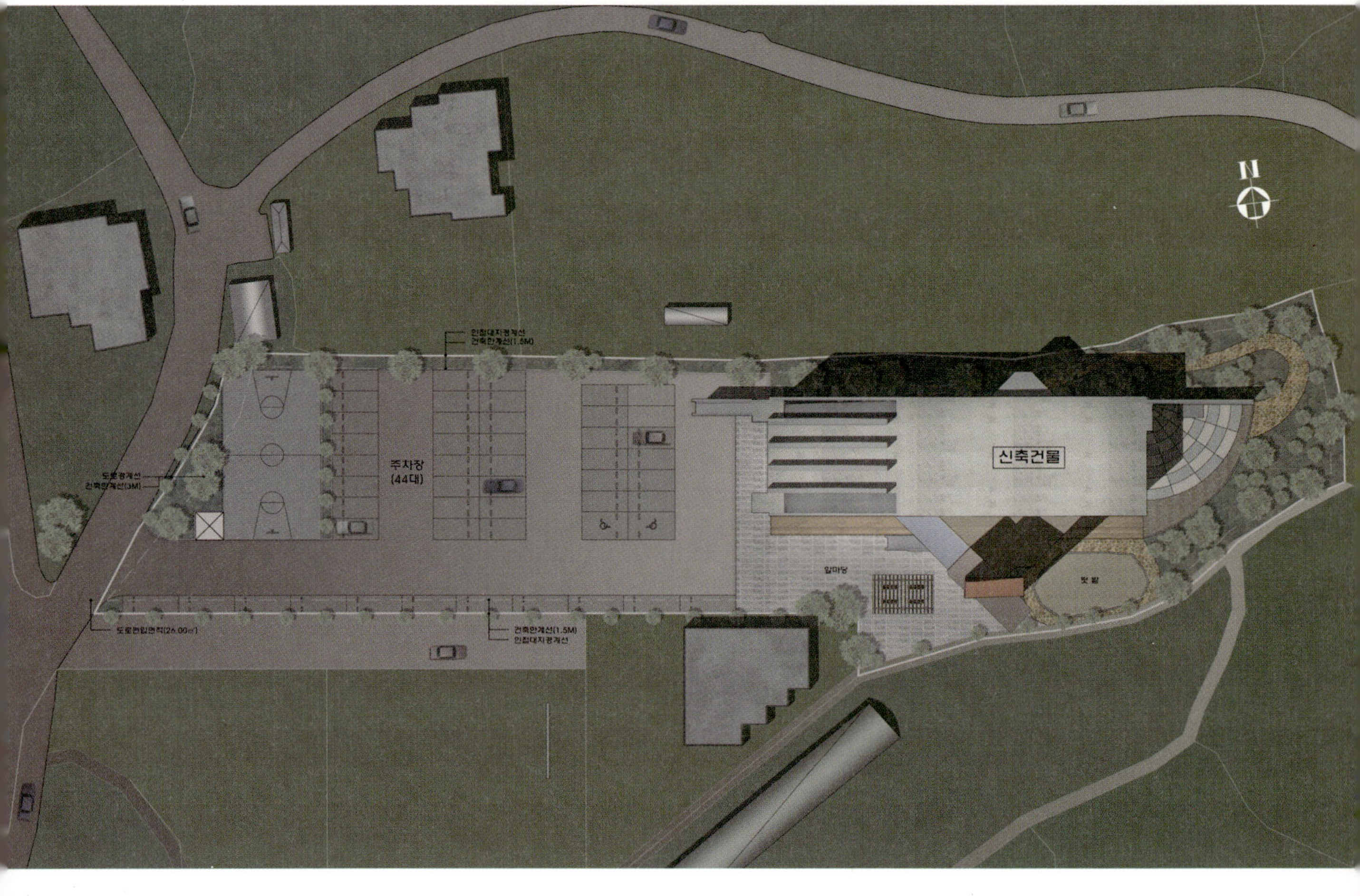

예배당으로 접근하는 길은 세가지의 방법이 있다. 그 하나는 내부의 계단을 통하여 내부에서 내부로 이어지는 기능적인 방법과, 둘째는 왼편 북축의 콘크리트 벽에 기대어진 길다란 계단을 통하여 2층 카페를 지나서 예배당으로 이르는길, 그리고 세 번째의 길은 오른편종탑 옆 피로티공간으로 오르는 길이다.

외부에서 직접 진입하여 경사로를 통해 종탑을 돌아서 2층으로 오르는 길은 예배자가 예배의 의식을 향해 오르는 묵상의 길 인 것이다.

부분 단면도

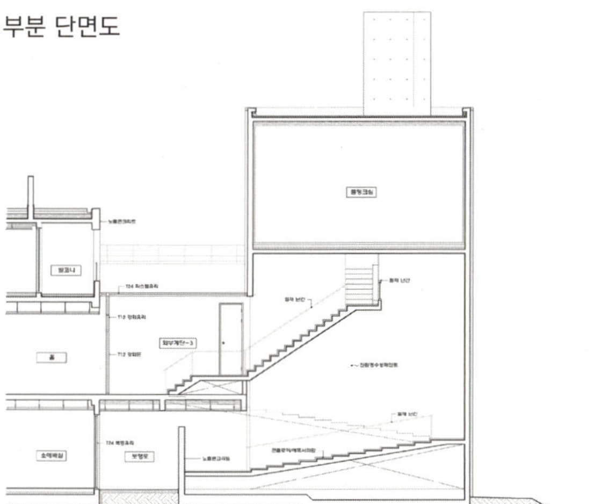

예배당에 들어서면 입구부터 강단까지 길게 뻗어 있는 십자가의 길을 만난다. 그 십자가의 길은 중앙 통로 상부에 설치된 십자가 형태의 광천정 (바리솔 마감)에 의해 빛나게 된다.

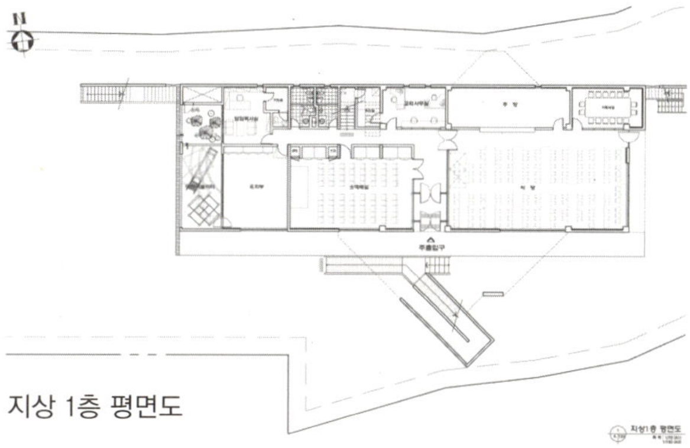

지상 1층 평면도

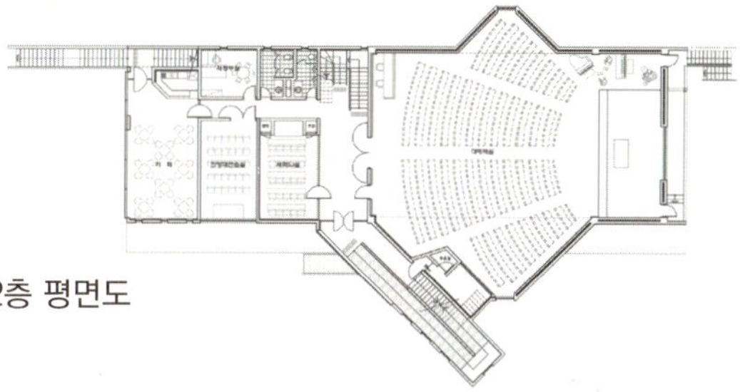

지상 2층 평면도

부채꼴 형태의 좌석배치를 위해 좌우로 뻗은 돌출공간은 바실리카교회 양식인 트란셉트를 연상토록 의도 하였다. 자연으로의 빛은 1.5m 간격의 콘크리트 빔 사이의 작은 천창을 통하여 콘크리트로 노출된 천정에 투사되고 그 빛으로 인해 내부가 밝아진다.

남측 면도

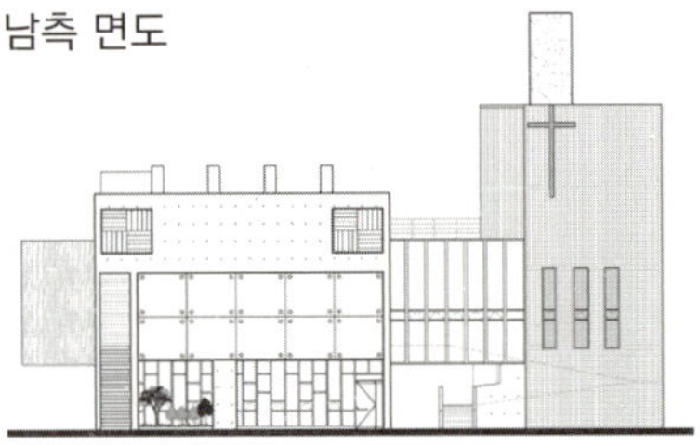

동측 면도

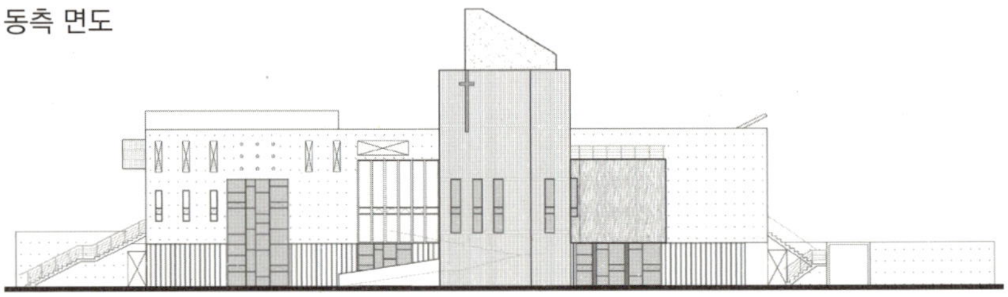

단면도

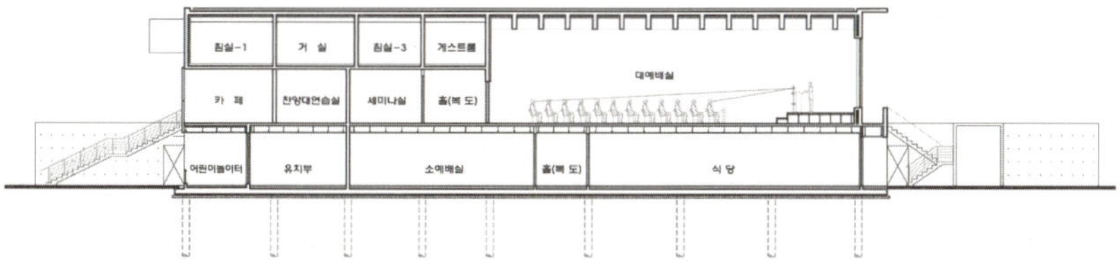

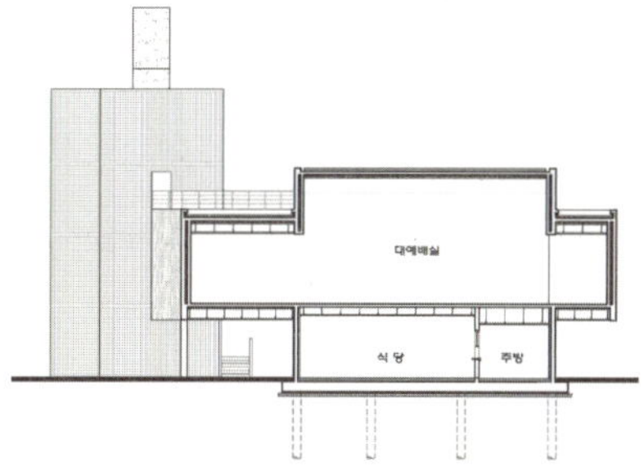

왼편 벽에 기대인 계단 끝에 연결된 2층의 카페테리아는 전면의 아파트를 향하고 있어서 지역민들의 쉼터의 역할을 하면서 열린교회 공간의 이미지로 다가 서고 있다.

EPILOGUE

DOGYE METHODIST CHURCH

위치 : 강원도 삼척시 도계읍 준공년도 : 2011년 연면적 : 125평

"작은 교회가 아름답다"

건축가의 열정이
공간의 아름다움으로
승화되는 곳

성도의 감동 어린 헌신과
목회자의 뜨거운 기도가 있어
이를 끝까지 이루려는
현장의 열기가 존재 하는 곳

그곳에는 예배를 통해
한 영혼을 살리는
하나님의 역사가 있고,
척박한 현실 속 에서도
하나님의 비전이 이루어지는
감동이 있었다.

감사함으로

흐느낌의 울림이 있는

그런 장소에

우리가

서 있다.

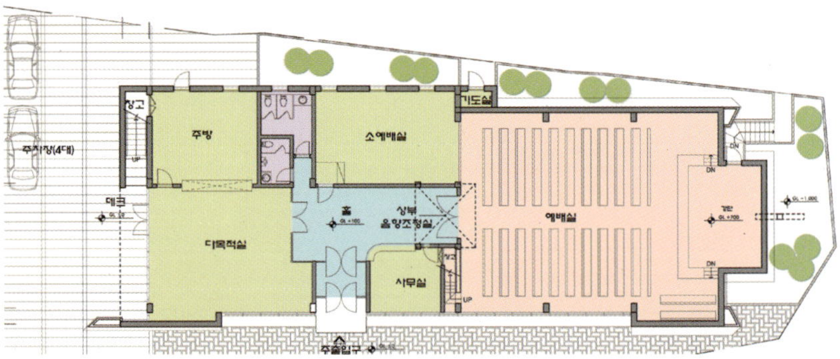

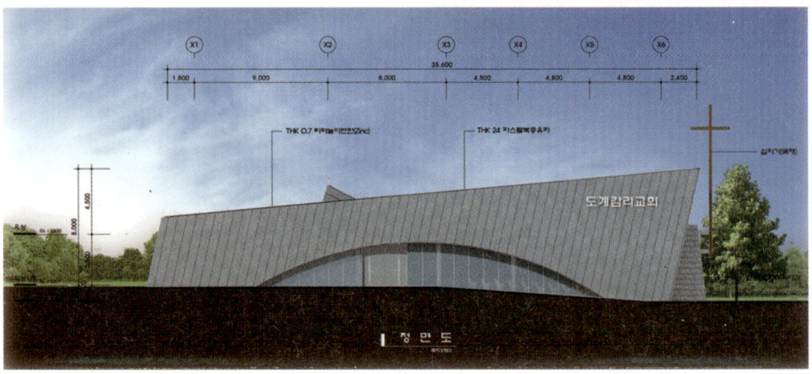

HAMCHANG METHODIST CHURCH

위치 : 경상북도 상주시 함창읍 준공년도: 2012 연면적 : 120평

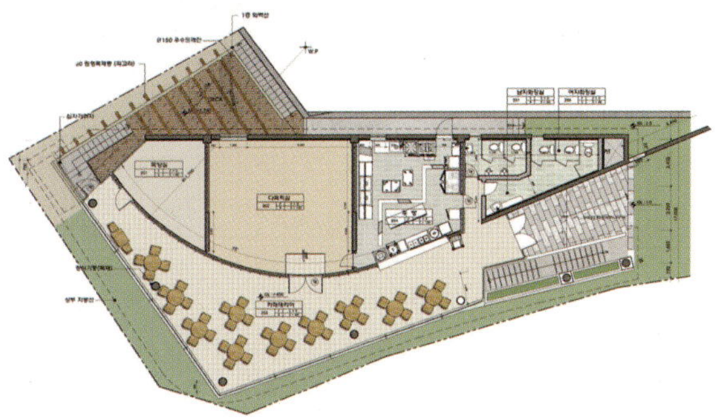

02

백창건

(주)세진예공 건축사사무소
SEJIN ART SPACE DESIGN GROUP

'믿음, 소망, 사랑'

그리고 만남의 바탕위에 하나님께서 기뻐하시는 아름다운 건축문화 창조를 선도합니다.

오늘날 교회건축의 흐름은 예배만을 위한 장소가 아닌, 문화의 장, 교제의 장, 여가와 휴식을 위한 장 등으로 실로 다양하고 복합적인 문화공동체의 집합으로 건축되어지고 있다. 교회의 성스러움을 표현하고 지역주민에게 친밀하게 다가갈 수 있는 열린 교회로 디자인하는 것과 실용적이고 효율적인 건축계획을 통하여 모든이에게 만족을 주는 성공적인 성전건축에 다가가고자 한다.

“사랑과 구원의 손길을, 울타리 넘어 세상 속으로”

오늘날 교회건축의 흐름은 예배만을 위한 장소가 아닌, 문화의 장, 교제의 장, 여가와 휴식을 위한 장 등으로 실로 다양하고 복합적인 문화공동체의 집합으로 건축되어지고 있다.

교회의 성스러움을 표현하고 지역주민에게 친밀하게 다가갈 수 있는 열린 교회로 디자인하는 것은 모든 교회 프로젝트의 중요한 숙제가 된다.

이번에 소개하는 프로젝트는 공동작업과도 같은 건축주와의 긴대화의 시간들을 거쳐, 다음세대를 예측하고 목회철학과 운영방침이 담겨진, 공간의 낭비가 없는 ‘컴팩트’한 요구를 반영하며, 성서적이고 절제적인 미로 디자인 한 교회건축이라 할 수 있다.

BAIK, CHANG-GUN

영남대학교 졸업. 엄이건축과 정림건축에서 다양한 규모의 프로젝트를 하였고 현재는 세진예공건축의 대표건축가로 활발한 작품활동 중이다. 2006년부터 3년 연속 ‘아름다운 교회건축’대상 수상을 비롯하여 목포시 건축문화상, 안양시 건축문화상 외 다수의 수상경력이 있으며, 2013년에는 국민일보 선정 ‘올해의 존경받는 인물’을 수상하였고, 현재 ‘국민일보 교회건축 자문위원’이다. 대표작품으로는 목포 사랑의 교회, 포항동부교회, 화천제일교회, 대구동신교회 등을 비롯 150여개의 교회건축과 한전사옥, 부산대학교 부속병원 등이 있다.

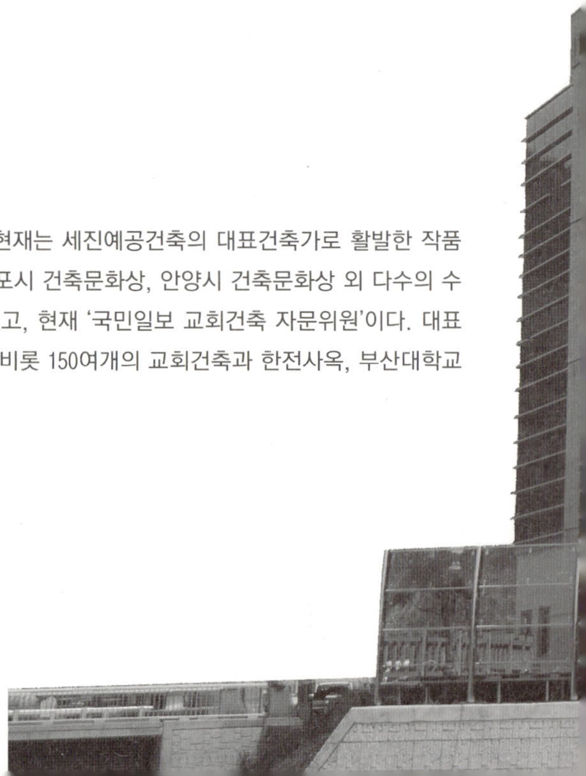

PROJECT LIST

01 목포 사랑의 교회 · MOKPO SARANG CHURCH … 50

02 포항 동부교회 · POHANG DONGBU CHURCH … 58

03 화천 제일교회 · HWACHEON FIRST CHURCH … 67

04 대구 동신교회 비전관 · DAEGU DONGSHIN CHURCH … 73

05 수원 수성교회 · SUWON SUSUNG CHURCH … 78

06 곤지암 만나교회 · MANNA PRESBYTERIAN CHURCH … 80

07 기타교회 · WORKS … 82

MOKPO SARANG COMMUNITY CHURCH

목포 사랑의 교회

백창건 / (주)세진예공건축

대지위치 : 목포시 호암동 1043번지
지역지구 : 준주거지역
대지면적 : 3,726.30㎡
건축면적 : 1,940.44㎡
연 면 적 : 11,204.36㎡
규　　모 : 지하1층 / 지상8층

교회설계의 고충은 한 건물 안에 다양한 기능적 요구들을 담는 데 가장 큰 어려움이 있다. 열린 교회를 위한 다양한 프로그램과 그에 부응하는 건축계획을 제대로 담기 위해서는 합리적 공간배치와 설비계획 등이 수반되어야 할 것이다.

목포 사랑의 교회는 예배를 위한 공간과 교육, 행정, 친교 등이 이루어질 두 개 기능적 형태로 분리되어 있다. 예배를 위한 공간인 2, 3, 4층은 대 예배실과 5층 식당 등의 대규모 공간으로 이루어져 기둥이 없는 무주공간을 형성하고 있다. 작은 셀 형태의 방들이 모여진 다른 기능적 공간은 가변적 활용과 확장이 가능한 자유로운 공간을 형성하였다. 이 두 개의 분리된 형태는 매개공간을 통해 전체가 연속성을 가지며 하나의 열린 공간으로 통합되고 있다.

특히 목포사랑의 교회는 다른 교회에 비해 교육공간의 프로그램이 다양하며 풍부하다. 주일학교와 청장년의 교육과 전도를 중시한 장기적인 안목의 목회철학을 그대로 반영하였으며, 빌딩형태의 교육관은 교육과 선교의 표상이 되고 있다.

목포 사랑의 교회는 점토벽돌과 화강석 커튼월 등을 외장재료로 사용하며 친근하고 권위적이지 않고 단순한 이미지를 강조하였고 외관은 항구도시의 이미지를 살려서 등대를 십자가 탑으로 형상화 하였다. 이것은 선교와 전도를 상징하며 하나님의 생명인 빛이라는 교회의 상징성을 나타내며 수직적으로 상승하여 도시의 랜드마크적 역할을 하고 있다.

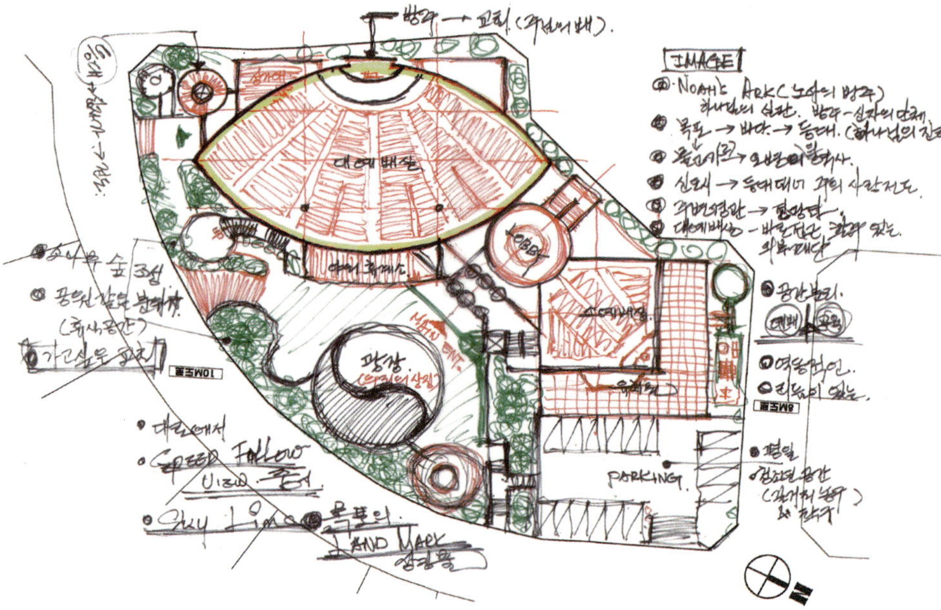

Concept

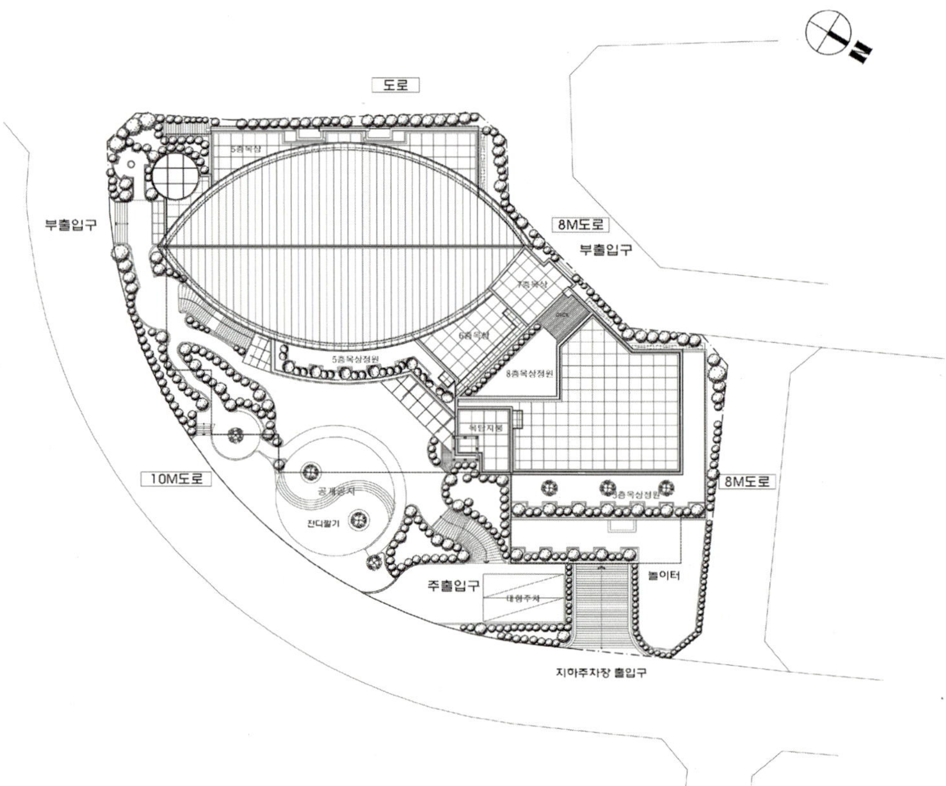

Site plan

사랑의교회

POHANG DONGBU CHURCH

포항 동부교회

백창건 / (주)세진예공건축

대지위치 : 포항시 남구 이동 산29외 4필지
지역지구 : 자연녹지지역
대지면적 : 10,770.00㎡
건축면적 : 1,960.92㎡
연 면 적 : 23,404.07㎡
규 모 : 지하4층 / 지상4층

포항시 도심에서 벗어나 자연녹지지역에 위치한 포항동부교회는 남서향으로 트여있으며, 좌우와 배면이 산으로 둘러싸여 하나님의 품과 같이 아늑한 장소에 위치해 있다. 포항동부교회의 새로 신축된 부지는 대구포항간 고속도로의 관문에 위치하며, 종교적 신앙의 새로운 관문과 같은 장소가 되었다.

이곳에 그리스도의 복음으로 세상을 구원할 생명선으로서, 사랑으로 감싸 안는 편안한 분위기의 성전 건축을 계획하고자 하였다.

경사진 대지의 특성을 이용하여 부지 입구부분에서 지하3층의 주차장으로 바로 진입이 가능하며, 지하2층의 전면부를 통하여 보행자의 진출입이 가능하도록 하여, 휴게카페와 식당으로의 접근성과 야외의 휴식공간과의 연계성이 극대화되고 있다.

지상2,3,4층에 위치한 예배당은 노아의 방주형상으로 계획하여 예수님께서 산상에서 말씀을 선포하실 때와 같은 포근히 감싸 안는 자연스러운 타원형태로 계획되었다.

포항동부교회의 외관은 커튼월과 화강석 등을 사용하여 권위적이지 않으며, 친근하며, 절제된 이미지를 부여하였으며, 주변 환경을 거스르지 않으며 자연에 순응하는 배치로 계획되었다.

포항동부교회의 성전은 항구 도시 포항을 밝히는 등대로서 포항시민을 섬기고 또한 구원할 사명감을 표현하고 있으며, 포항지역의 건전한 기독교 문화예술 활동의 장이 되어질 것이다.

포항시민과 함께
포항동부교회

south side elevation

east side elevation

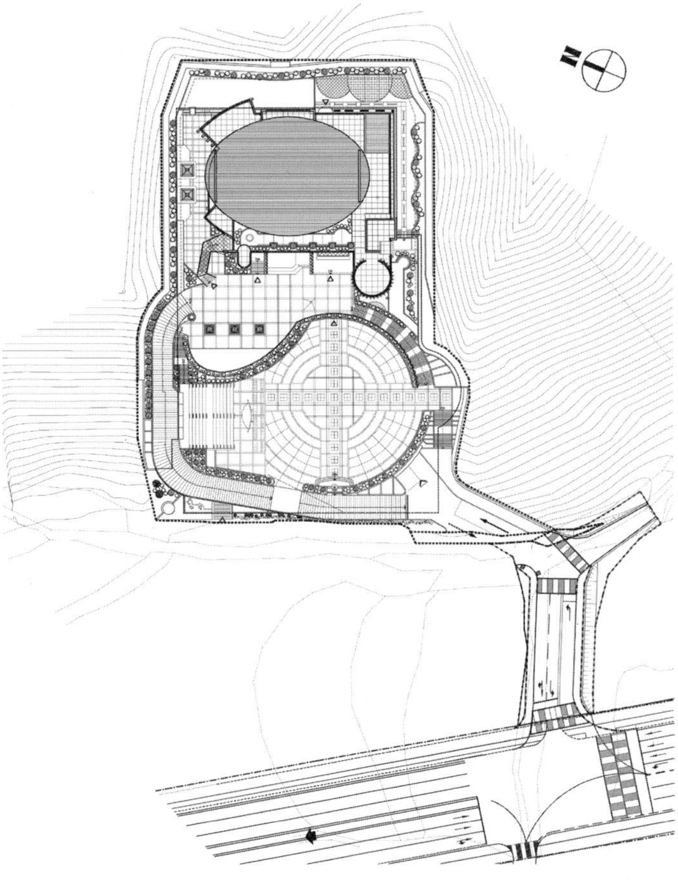

Site plan

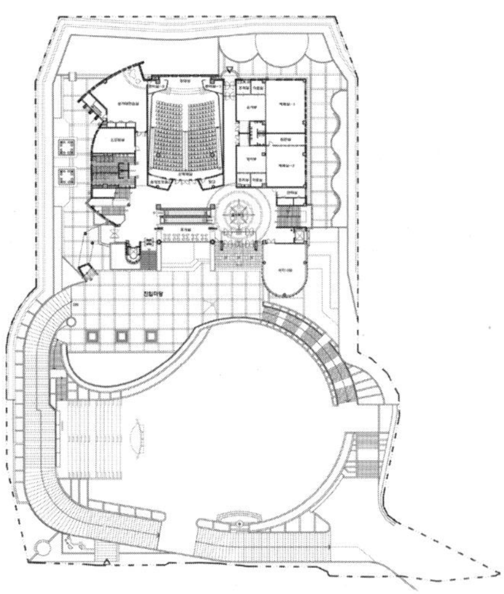

1st floor plan

화천 제일교회

백창건 / (주)세진예공건축

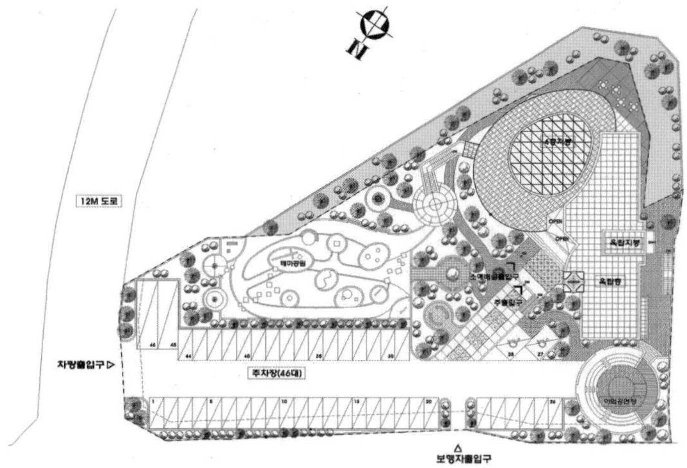

대지위치 : 강원도 화천군 화천읍 중리 187-11외 1필지
지역지구 : 자연녹지지역
대지면적 : 3,749.00㎡
건축면적 : 749.33㎡
연 면 적 : 2,117.75㎡
규　　모 : 지상4층

대지는 부드러운 능선으로 이어진 산들이 북한강과 만나는 곳에 소담하게 자리잡은 화천읍에 위치하고 있다. 화천제일교회 디자인 작업은 이곳에 오래전부터 지역사회와 함께 자란온 교회를 기존 역사와 전통을 간직하면서, 새로운 비전과 다양한 프로그램을 담을 수 있는 교회로 만드는 작업이었다.

주위의 지형과 어울리는 형태잡기를 위해 직선적인 사각형의 형태로 계획하기 보다는 사각형의 건물에 구형을 결합해 안정감 있고 독특한 형태로 계획하였다. 알을 형상화한 구형은 부활을 상징하며, 지역의 풍토성을 되살려 너와기와를 입면 디자인에 접목 하였다. 알 형태의 구형은 예배 공간으로, 이 예배공간을 중심으로 다양한 프로그램의 실들을 컴팩트 있게 배치하였으며, 소모규 건물에서 보다 많은 다양한 프로그램을 수용할 수 있도록 계획하였다.

교회건축은 은유와 상징적인 형태로 전도의 역할을 할 수 있어야 한다. 이 점은 화천교회 계획에 시작점이기도 하였다. 100주년 기념을 맞아 알을 깨고 새롭게 부활한 화천교회는 건물에서 의미하는 독특한 상징적 이미지가 지역에 랜드마크적 이미지로 거듭나길 바란다.

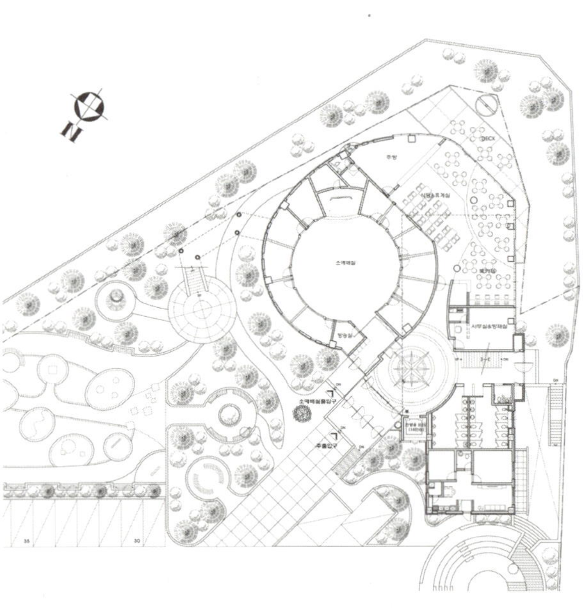

1st floor plan

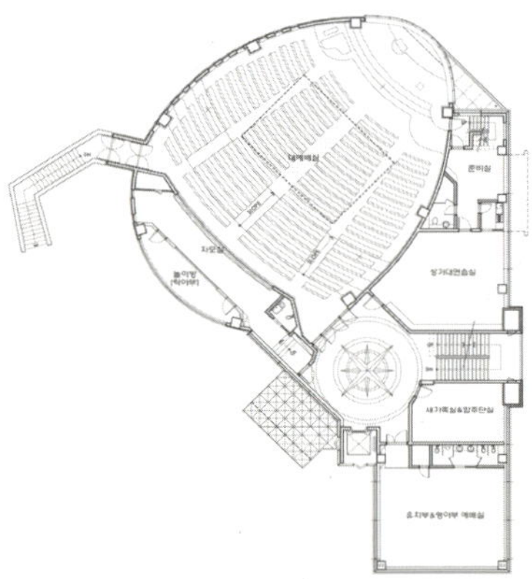

2nd floor plan

큐티학교

화천제일교회

DAEGU DONGSHIN PRESBYTERIAN CHURCH VISION HALL

대구 동신교회 비전관

백창건 / (주)세진예공건축

대지위치 : 대구광역시 수성구 만촌동 855-3외 27필지
지역지구 : 제1종일반주거지역
대지면적 : 3,482.00㎡
건축면적 : 1,910.03㎡
연 면 적 : 9,400.59㎡
규　　모 : 지하2층 / 지상4층

동신교회 비전관은 교육,훈련,교제,선교,예배 등의 목회계획 프레임에 맞춰져서 짜여진 프로젝트이다. 기존 예배당의 공간에서 소외되어진 미래의 청소년들과 이웃들을 위한 꿈을 심어주고 소통할 수 있는 문화센타의 역할을 감당하기 위한 공간 구성이 우선 과제였다.

기존의 예배당과 이면도로를 사이에 두고 마주보는 부지 조건을 이용하여 연계되어 활용되어질 공간성과 개방감을 염두에 두었으며 각 방향과 레벨로부터 다양한 방식으로 접근이 가능하도록 고려하였다.

이웃을 위해 열린 공간을 1,2층에 배치하였으며, 3,4층은 예배와 교육등이 다양한 형태로 이루어 질 수 있도록 구성하였다. 지하층은 체육관과 주차장을 설치하여 자유로운 활용이 가능토록 하였다.

외부마감은 현무암과 커튼월을 사용하여, 따뜻하고 안정적인 리듬감을 표현하였으며 성결과 강직의 이미지를 표현하였다.

공동체로 모여 생명을 공급받고, 생명을 나눠주고, 다시 흩어져 생명을 나누는 생명나무의 사명이 끊어지는 않는 교회공동체의 터전이 되길 바란다.

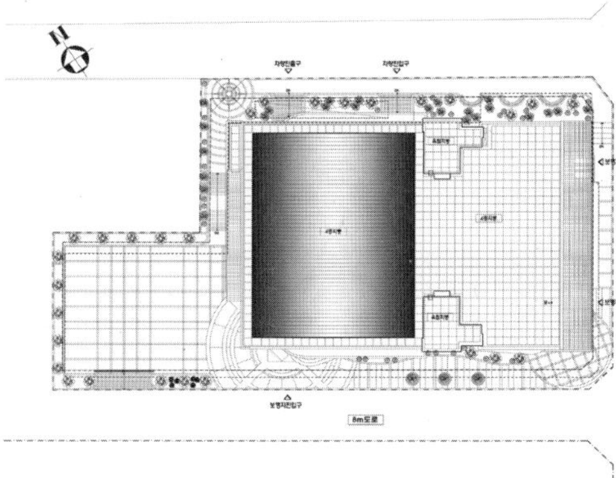

site plan

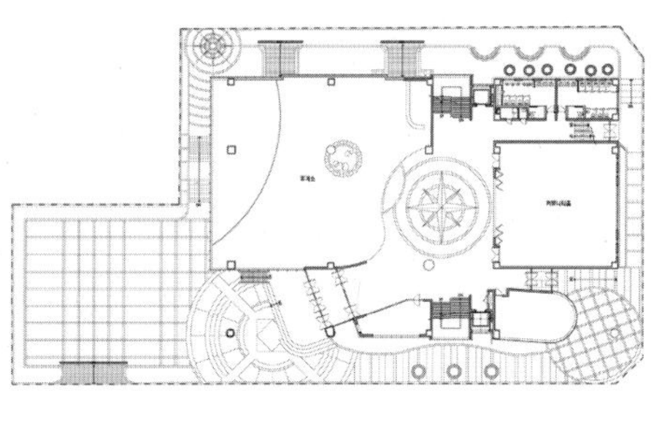

1st floor plan

필로세

대한예수교
장로회
대구동신교회

SUWON SUSUNG CHURCH

수원 수성교회

백창건 / (주)세진예공건축

대지위치 : 수원 세류지구 종교부지 4
지역지구 : 제2종일반주거지역
대지면적 : 1,854.00㎡
건축면적 : 1,073.96㎡
연 면 적 : 4,632.14㎡
규　　모 : 지하3층 / 지상6층

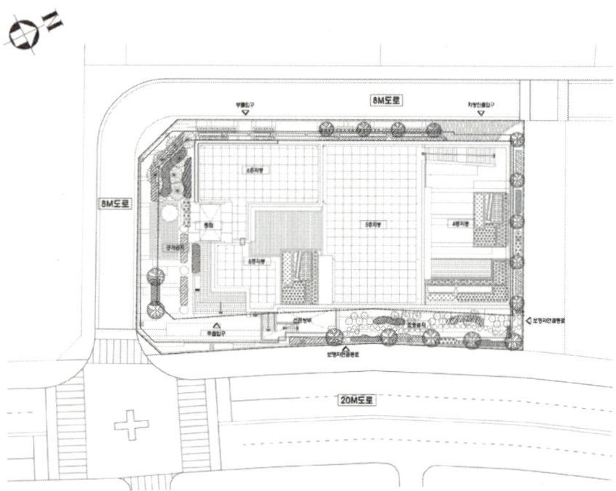

site plan

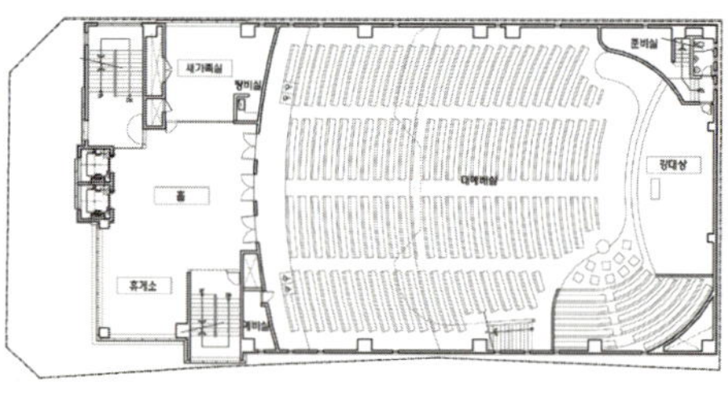

2f floor plan

수성교회

MANNA PRESBYTERIAN CHURCH

곤지암 만나교회

백창건 / (주)세진예공건축

대지위치 : 경기도 광주시 곤지암읍 곤지암리 400-2외 2필지
지역지구 : 제1종 일반주거지역
대지면적 : 1,631.00㎡
건축면적 : 108.30㎡(기존동) + 681.39㎡(증축동) = 789.69㎡
연 면 적 : 108.30㎡(기존동) + 1,886.81㎡(증축동) = 1,995.11㎡
규　　모 : 지상1층(기존동) / 지상4층(증축동)

만나교회

WORKS

백창건 / (주)세진예공건축

❶ 2003 이천 시온성교회　❷ 2004 공주 중앙교회　❸ 2006 두레교회　❹ 2006 주평강교회　❺ 2007 광천교회

❻ 2009 증가교회 ❼ 2010 김포 성문교회 ❽ 2011 광주 중앙교회 ❾ 2012 광양 제일교회 ❿ 2014 군자교회

03

양민수

(주)아벨종합건축사사무소
Abel

한양대학교 대학원 건축학과를 졸업했다. 국제건축사에서 실무를 쌓았으며, 현재 '(주)아벨종합건축사사무소'에서 대표이사를 역임하고 있다. 또한, APEC 등록건축사이며, 연성대학교 겸임교수, 한양대학교 C.C.C 간사를 맡고 있다.

Abel General Architect office Co., Ltd.

Yang Min-Su

PROJECT LIST

Saebaram Church
Chamgippeum Church
Taean Presbyterian Church
Jangsung Church Vision Center
Hapjeong Methodist Chruch
Dongmoung Church
Mooldan Dongsan Church

수상

2014 '2014 교회건축문화대상' 건축가부문 대상 / 2013 'KUKMIN MISSION AWARD' 수상
2012 포항시 건축문화상 일반건축물부분 우수 수상 / 2011 인천 아름다운 건축물 우수 수상
2011 경기도건축문화상 수상 / 2011 국민일보 '2011 국민교회건축상' 최다 실적 수상
2009 국민일보 선정 '아름다운 교회건축물 대상' 수상 / 2009 인천 아름다운 서구 건축물 최우수 수상
2007 서울신문 건축설계 부분 대상 수상

주요작품

- 장성교회비전센터, 송내사랑의교회, 합정교회, 참기쁨교회, 새바람교회 외 다수
- 주택 조경당, 윤회장 주택, 청수당, 고선재 외 다수

Fortunately, the project site of Saebaram Church at Soosan-dong, Namdong-gu, Incheon Metropolitan City, had been in the development-restricted area for a long time and it could preserve good surrounding environment. In 2003, the land use had been changed to Class 1 General Residential Area and simultaneously as a forest to be conserved but allowing the construction of religious facilities. Project site is in an agricultural village in the city-center. It is full of sentiment and there are farming houses between the rice-pads and fields. It is not far from main road to the project site. The low surrounding hills has pine trees with good fragrance. It was amazing that such jewel-like land is hidden in the city-center. I visualized the new Saebaram Church in my head while looking at the low hills that looked like the hills I used to play as a child. A church..., Jesus came to save poor sinners, sick people, orphans and widows. He did not come to save rich men and healthy people. Jesus came with a modest and humble shape. I did design planning in modest way and without luxury, interpreting the shape of Jesus. I decided to visualize a white building that is draped with a white cloth.

The lands in rural villages have free shapes. Likewise, the land also gives lot of talks. I used that talks from land in drawing a bubble diagram and create the planning. The existing slopes are kept. The movement-lines of pedestrians and vehicles were planned. The shape of the building was planned to have the shape of an ark with directivity. Sunlight was secured by creating a sunken garden. There were low trees in the southeast side like a screen, which was introduced into the building. The resting deck next to main hall was planned so that people would feel another aspect of architectural aesthetics. The feature-frame of small praying room was developed into a space that let people feel an organic relation with nature. According to the Bible, when Jesus had been born, three magi saw the star and went to pay respect to baby Jesus. I planned this place as a place to see the stars in the night sky. It is a dark place in the city-center and I reflected that in the design. I freely located small rectangular windows on the mass that looks like an ark. When a light would be on in the sanctuary, people will see the light coming out of the window. They will remember the magi who went to congratulate the birth of Jesus Christ. I wish all attendants of Saebaram Church will confess and acknowledge that Jesus is the Christ and he is the living son of God. And I sincerely hope the Saebaram Church will be full of good sermons, hot prayers, warm appreciation and joyful praises.

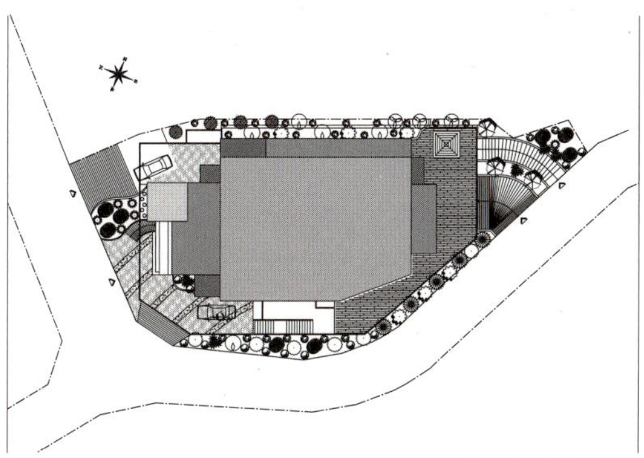

Location Incheon, Korea **Function** Church **Enforcement design** Jo Gang-seok, Kim Dae-il, Bak Jin-hui, Myeong Na-yeong **Site area** 1,132m^2 **Bldg. area** 520m^2 **Total floor area** 2,217m^2 **Stories** B1, 4FL **Photographer** Lee Joong-hoon

Saebaram Church

Abel General Architect office Co., Ltd.
Yang Min-Su

새바람 교회 (주)아벨종합건축사사무소 / 양민수

인천 남동구 수산동에 있는 새 바람 교회의 대상지는 오랫동안 개발제한구역 내에 있어 개발이 억제 되어 있었기 때문에 지금의 주변 환경을 보존할 수 있었다. 2003년 제1종일반주거지역 및 보존 임지로 도시계획이 변경되면서 교회를 계획하게 됐다. 대상지는 도심 속 농촌 마을로 정겨움이 가득했고 논과 밭 사이 사이에 농가주택들이 자리 잡고있다. 큰길에서 교회 터까지는 가깝지 않은 거리였으며, 주변의 낮은 언덕 중턱에 정말 좋은 오래된 소나무가 솔 향을 풍기고 있다. 도심 속에 이런 보석들이 숨어 있음에 놀랐다. 우선, 어릴 적 뛰어 놀던 뒷동산 같은 낮은 산을 보며 머릿속으로 새 바람 교회를 그려봤다. 예배당……, 예수님은 부자와 건강한 자들을 구원하러 오신 것이 아니라 낮고 천한 이 땅에 불쌍한 죄인과 병든 자, 그리고 고아와 과부를 구원하고자 소박하고 겸손하게 이 땅에 오셨다. 이 점을 디자인으로 해석하면서 화려하지 않게 주님의 모습처럼 소박하게 디자인을 계획했다. 마치 하얀 천을 덮은 것 같은 백색 건축을 계획했다.

농촌 토지에서 주는 제멋대로 생긴 형태처럼 대지에서 주는 언어는 많았다. 대지에서 찾은 언어로 버블 다이어그램을 그리고 풀어나갔다. 경사면을 그대로 이용해서 건축설계에 반영했으며, 보행자와 자동차의 동선을 계획했고, 건축물의 형태도 방향성을 제시하는 방주의 형태로 계획했다. 썬큰가든을 통한 빛의 도입과 동남쪽에 낮은 수목들이 병풍과 같이 펼쳐졌는데 그것들이 건물 안으로 유입되도록 디자인했다. 본당 옆의 휴게 데크는 건축미학의 다른 한 면을 느낄 수 있게 계획하였고, 소예배실의 픽쳐프레임은 자연과 유기적 관계를 느끼게 하는 공간으로 발전시켰다. 성경기록에 보면, 예수님이 탄생했을 때 동방 박사들이 별을 보고 예수님께 경배하러 가는 장면이 있다. 바로 이곳이 밤하늘에 별을 볼 수 있을 곳으로 계획했다. 도심 속 어두운곳이라는 장소를 이용해 디자인에 반영했으며, 방주로 보이는 매스에 작은 직사각형 창문을 자유분방하게 배치했다. 예배당에 불이 켜지면 창문 사이로 나오는 빛을 보고 교회로 다가오는 성도들에게 동방 박사들이 주님의 탄생을 축하하러 별빛을 보고 간 것을 기억하며, 예수님은 그리스도이시오, 살아계신 하나님의 아들이라고 고백하는 새 바람 교회 성도들이 되기를 바라는 마음과 예배당에서 말씀과 기도, 감사와 찬양이 새 바람을 타고 넘쳐나는 교회가 되길 간절히 바라는 마음이다.

The church is located near the border between Incheon Southeastern Industrial Complex and Nonhyeon District, a newly developed city. There are two roads on the north and east, and the south and west of the church are close to the perimeters of a park, constituting a very good lot for building a church. By overlapping a rectangular solid-shaped mass on top of another, both incomplex but mighty while silent but heavy, I raised the design to perfection where people could appreciate the architectural esthetics along with the graveness of the framework. The outer surface is being designed as exposed concrete to add naked frankness of the material to the building, which represents the integrity of the church where people learn the message of truth. As for all the rooms of the church, it was conceived that each room could possess amply its own outer environment, rather than relying on the susceptibility coming from interior decorations. The openness and closeness of space was appropriately distributed for the sake of dynamism, and a cafe was placed at a corner of the ecclesiastical edifice to make sure that residents from the nearby community could have spontaneous access to the facility. I reversed what many have as general preconceptions about each room, trying to arouse more curiosity about the space. I allowed a gap of 1.3m in height between the ground level of the church and the park, and mobility from the church to the park was comfortably secured so that neighbors entering the park could get into the church cafe, the restrooms, the parking lot, and other facilities in the annex freely, which means ecclesiastical architecture can provide open space for residents in the neighborhood and it could act as a regional community center.

참기쁨 교회 (주)아벨종합건축사사무소 / 양민수

교회 대지는 인천 남동공단 산업단지와 신도시 논현지구 경계에 위치한다. 북쪽과 동쪽 2면도로이며, 남쪽과 서쪽이 공원과 접해있어 종교건축으로 매우 좋은 토지였다. 단아하면서 강하고 정숙하면서 묵직한 직육면체 매스 2개를 중첩시켜 건물의 중우함과 더불어 건축미학을 느낄 수 있도록 완성도를 높여 나갔다. 재료의 솔직함을 더하기 위하여 노출콘크리트로 계획하는데 이는 진리의 말씀을 배우는 예배당의 순수성을 대변하기도 한다. 내부 모든 실에서는 인테리어를 통한 감성보다 각 실 만이 가지고 있는 고유의 외부 환경을 충분히 소유하도록 창호 계획에도 집중하였다. 공간의 열고 닫음을 적절히 분배하여 역동성을 느끼게 했으며, 특히 카페의 위치를 건물 모퉁이에 배치하여 지역주민의 접근을 유도했다. 각 실에 대한 일반적인 선입견을 반전 시킴으로 공간에 대한 흥미를 유발하도록 계획하였다. 공원과 대지의 1.3m 고저차를 공원진입구로 편안하게 유도하여 공원을 이용하는 지역주민들에게 교회카페 및 화장실과 주차장 그리고 교회 부속공간을 자유롭게 드나들 수 있도록 함으로 교회건축이 지역주민들에게 열린 공간을 제공하고, 더불어 지역 커뮤니티 센터로 자리 잡을 수 있도록 디자인했다.

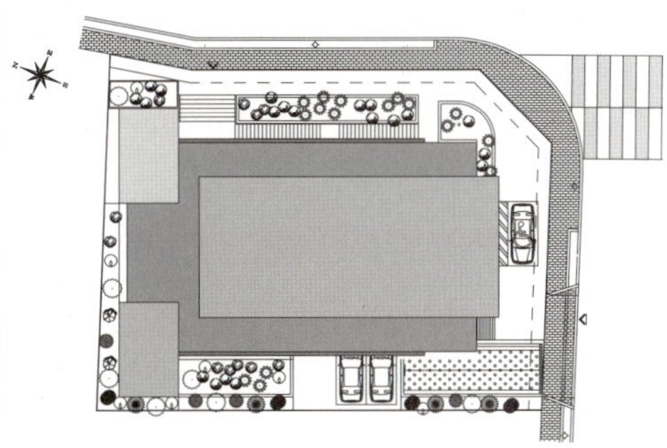

Location Incheon, Korea **Function** Religion facility **Enforcement design** Jo Gang-seok, Kim Dae-il, Bak Jin-hui, Myeong Na-yeong **Site area** 904m^2 **Bldg. area** 515m^2 **Total floor area** 2,518m^2 **Landscape area** 136m^2 **Stories** B1, 4FL **Structure** Steel framed reinforced concrete **Photographer** Lee Joong-hoon

Chamgippeum Church

Abel General Architect office Co., Ltd.
Yang Min-Su

The existing chapel has carried great weight in comparison with the size of a city. In addition to this, a vision center makes a bigger urban structure, which blocks the whole east playground of Taean middle school. In the urban perspective, the second floor was designed as a restaurant to make the height of the playground same as the height, and this increased the safety by forming an outdoor transition zone. By separating two masses, the heaviness of the school playground has been resolved. One of the two masses is concrete, and the other one is designed as a curtain wall, which contrasts the form of opening and closing. This pursues the construction penetrating the surrounding environment through an organic spacial division. The building is made of the reinforced concrete, finished with exposed concrete and titanium zinc steel plate (ZINK).

The floor of the corridor is made with reinforced coatings, so that the exposed concrete image is entered inside and the flow in and out of the building is continued. And the vertical and horizontal zoning system is applied in order to maintain the same environment with café and reading room. This project reveals the essence of construction with a moderate space of a simple small box. The space configuration considers the function of religious building and local residents' association, and this is the vitality of the building. By using the mechanism of repeating opening and closing, an organic link from the outside to the inside, from the inside to the outside, is circulated in the volume.

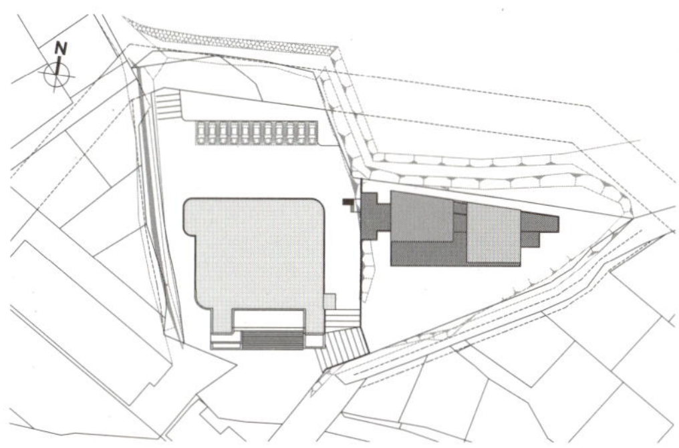

Location Taean-gun, Chungcheongnam-do, Korea **Function** Religion facility **Enforcement design** Jo Gang-seok, Kim Dae-il, Bak Jin-hui, Myeong Na-yeong **Site area** 3,535m^2 **Bldg. area** 452m^2 **Total floor area** 1,614m^2 **Stories** B1, 5FL **Structure** Reinforced concrete **Photographer** Lee Joong-hoon

Taean Presbyterian Church

Abel General Architect office Co., Ltd.
Yang Min-Su

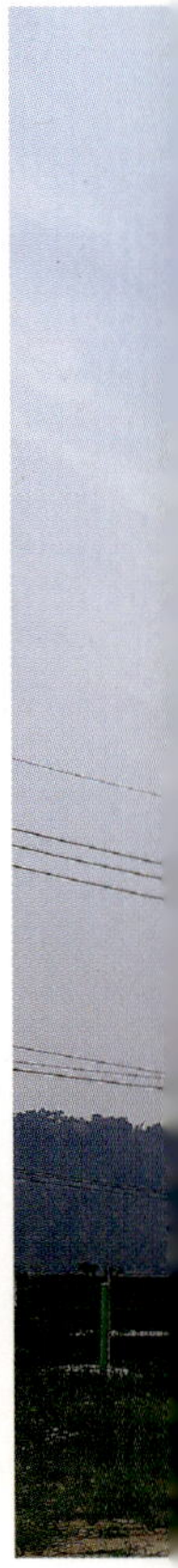

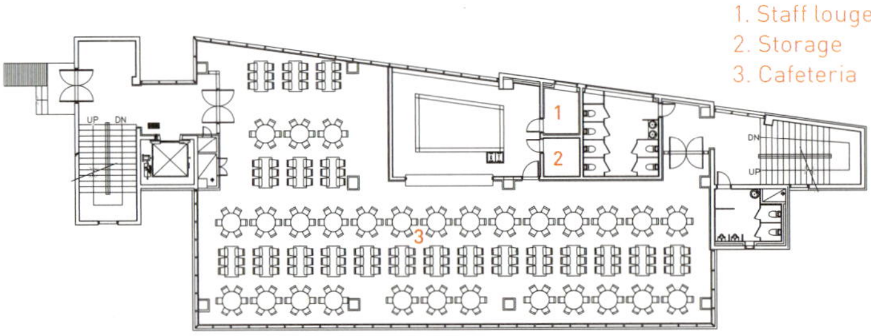

1. Staff louge
2. Storage
3. Cafeteria

Second floor plan

태안장로교회 (주)아벨종합건축사사무소 / 양민수

기존 예배당은 도시 조직의 규모면에서 큰 비중을 차지하고 있다. 여기에 비전센터까지 더해지면 더 큰 도시 조직이 만들어지게 되는데 도시적 관점에서 이것을 경계해야한다. 그리고 태안중학교 동쪽 운동장 전체를 가로막는다는 조건을 극복해야 했다. 2층을 식당으로 배치하여 운동장 바닥과 높이를 같게 하였고 이를 기단부로 형성함으로 안정성을 높였다. 그 위에 두 개의 매스를 분리시킴으로 학교 운동장에서의 시각적 답답함을 해결하였다.

두 개의 매스 중 하나는 콘크리트, 다른 하나는 커튼월로 디자인하여 열고 닫음의 형태를 대비시켰으며 조직적 공간 분할을 통해 주변 환경에 어우러지는 건축을 추구한 것이다. 건물은 철근콘크리트조이며, 노출콘크리트와 티타늄아연강판(ZINK)으로 마감되었다. 복도는 바닥 강화 코팅제를 사용하여 노출콘크리트 이미지를 내부로 유입시켜 건물 밖과 안의 물성흐름을 연속시켰다. 또한 예배공간과 카페, 독서실과 같은 환경을 유지하기 위해 수직, 수평 조닝체계를 적용했다. 이번 프로젝트는 단순한 작은 상자의 절제된 공간으로 건축의 본질을 가지고 있다. 종교 건축으로서의 기능과 지역 주민과의 연계를 고려한 공간 구성은 건축물에 부여된 생명력이다. 열림과 닫힘을 순환 반복시키는 기법으로 볼륨감을 느낄 수 있도록 하였고, 볼륨 내에 부유되며 바깥에서 안으로 다시 바깥으로의 유기적 연결 고리를 완성한다.

I'PARK
402

It is located in Duho-dong with the highest population density in Pohang. An apartment complex lies around Pohang Jangseong Church and it is located at a threeway intersection near a 20-meter-wide road. It has a very good location and landscape as there is the sea in the southeast and a green area in the northwest. One thing to be considered before making a plan was to induce Jangseong Vision Center to be shared as a cultural space by church members and regional residents. For that purpose, along with comfortable design, natural line of movement, and surrounding landscape, access was secured by providing a space to relax in. Also an open image was created and organic flow with outdoor space was planned by designing the lower structure of the building as a curtain wall. Second, the design intended to connect with the existing building. For that connection, semicircular mass was designed to keep the curved flow of the existing building alive so that it could glide into the new building naturally. The degree of completion of design was raised by matching it with the curved beauty of the old building. The whole plan reinterpreted biblical symbols at the front of the church such as the cross of atonement(circle) granting symbolism of the church, semicircular mass symbolizing the covenant(rainbow) of the God, and a zinc box at the right shaped in the ark, in a contemporary manner with the aim of developing a church that spreads godly messages both at home and abroad. Like this, each symbolic mass joined forces as a trinity and was combined organically to generate a design that has architectural esthetics.

포항장성교회 비전센터 (주)아벨종합건축사사무소 / 양민수

계획 대지는 포항에서 인구밀도가 가장 높은 두호동에 위치하며 포항장성교회 주변으로 20m도로변 삼거리 교차로와 아파트 단지가 형성되어 있다. 동남측으로 바다와 북서측으로 녹지축이 이루어져 있어 아주 좋은 위치와 경관을 가지고 있다. 플랜 계획에 있어서 중요하게 다룬 부분은 장성비전센터를 교인들과 지역주민들도 함께 문화공간을 공유할 수 있도록 유도하는 것이었다. 그 방법으로 편안한 디자인과 자연스러운 동선, 그리고 주변 조경과 함께 휴식공간을 제공함으로 접근성을 확보했다. 또 건물 하부를 커튼월로 설계하여 개방적 이미지를 심어줌과 동시에 외부 공간과의 유기적인 흐름을 계획했다. 둘째로 기존건물과 연계성을 고려한 디자인이다. 이를 위해 기존 건축물의 곡선이 신축 건물로 자연스럽게 타고 흐를 수 있도록 반원의 매스를 디자인했고, 기존 건축물의 곡선을 대응시킴으로 디자인의 완성도를 높였다. 이 프로그램의 개념은 '국내외로 선교하는 교회'를 목표로 정면에 교회의 상징성을 부여해주는 구속의 십자가와 하나님의 언약(무지개)을 상징하는 반원매스, 우측에 방주를 형상화한 징크박스로 성서적 의미를 상징적 요소로서 건축미학을 느낄 수 있도록 재해석했다.

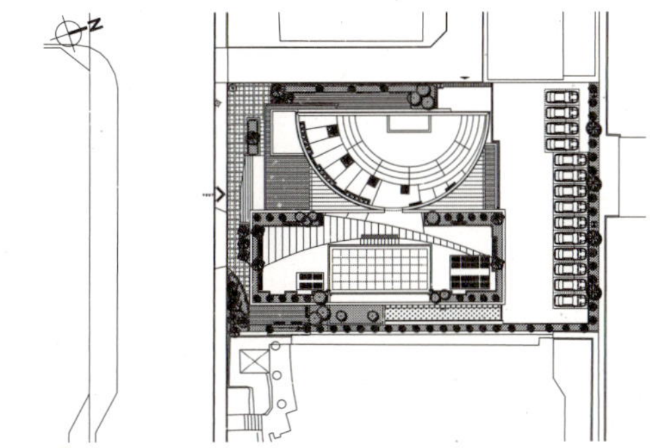

Location Gyeongsangbuk-do, Korea **Function** Religion & Education research facility **Enforcement design** Jo Gang-seok, Kim Dae-il, Bak Jin-hui, Myeong Na-yeong **Site area** 1,983m^2 **Bldg. area** 977m^2 **Total floor area** 7,408m^2 **Landscape area** 334m^2 **Stories** B1, 7FL **Structure** Steel framed reinforced concrete **Constructional engineer** Pyung San Construction Co.,Ltd. **Photographer** Kim Dong-kyum

Jangsung Church Vision Center

Abel General Architect office Co., Ltd.
Yang Min-Su

1. Hall
2. Education room
3. Office
4. Study room
5. Small group room

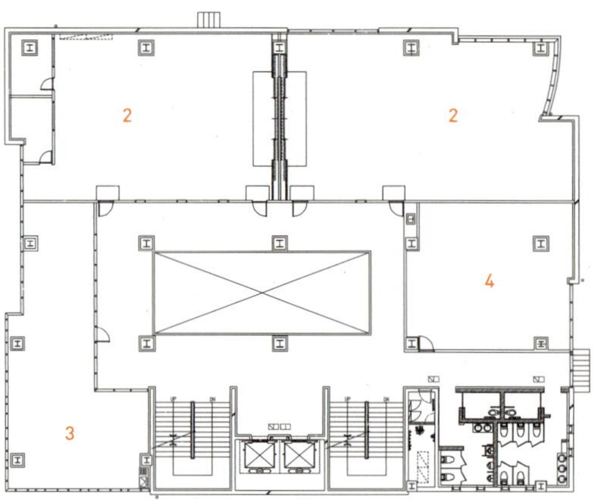

Second floor plan

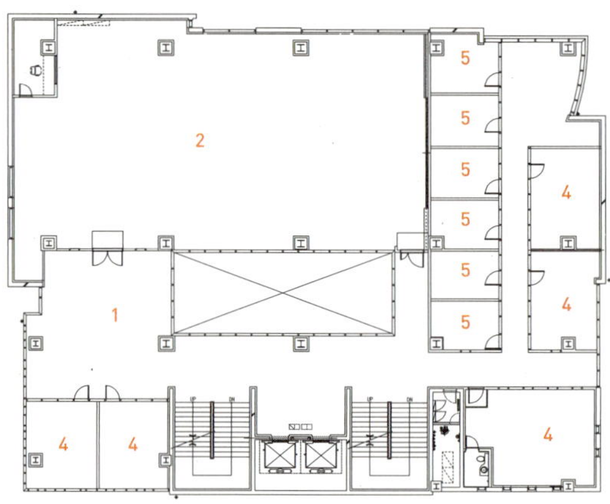

Third floor plan

There is Pyeongtaek City Government Building in the north of project site. South is the plain and east / west are new towns. The access road to the project site is close to the National Highway connecting Anseong Interchange and Pyeongtaek Port; therefore, the project site has excellent geographical context with its two sides facing main roads. Plot plan has been made so that local residents can easily access and utilize the church spaces. By making the complex community spaces accommodating various programs, the spaces are constituted in an organized way so that the church will have open and dynamic spaces which will encourage the participation of residents and maximize the space efficiency.
The space arrangement is flexible and variable so that the church can be used as an open space which can allow various cultural activities; however, such activities will not interfere with the chapel space, which is the main space in the church. Consequently, the design realized a church space which is not only a community center in the city but also a resting place. The words recorded in the Bible such as cornerstone, foundation stone, fire column, narrow gate and crown are re-interpreted and expressed in the modern architecture. It is expected that the church will clearly do the role of landmark of this area by its vertical and horizontal mass combination of concise curtain-wall, which is the aesthetic nature of the architecture.

평택합정감리교회 (주)아벨종합건축사사무소 / 양민수

대지의 북쪽으로 평택 시청이 있고, 남쪽으로는 평야가 있으며, 동, 서쪽에 신도시가 형성되어 있다. 또한, 진입도로가 안성I.C에서 평택항을 연결하는 국도에 근접하여 두 면이 도로에 접해 좋은 지리적 여건을 갖췄다. 계획 대지는 예배당 공간을 지역 주민이 쉽게 접근하고 활용할 수 있도록 구성하였으며, 다양한 프로그램을 수용하는 복합커뮤니티 공간구성을 통해 역동적이면서 주민의 참여를 이끌 수 있는, 열린 공간을 창출하기 위해 공간을 짜임새 있게 구성해 효율성을 극대화했다. 교회의 주공간인 예배당 공간을 침해하지 않으면서 가변적 공간을 융통성 있게 활용하여 다양한 문화적 활동이 함께 공존하는 열린 공간으로 사용할 수 있도록 디자인 하여 도심 속에서 커뮤니티의 중심점이자 안식처인 교회 공간을 계획했다. 성서에 기록된 언어들 (모퉁이 돌, 반석, 불기둥, 좁은 문, 면류관)을 현대건축으로 재해석하여 표현했으며 한 커튼월의 수직과 수평의 매스 조합으로 건축물의 심미성 더해 이정표의 역할을 충분히 감당하리라 기대한다.

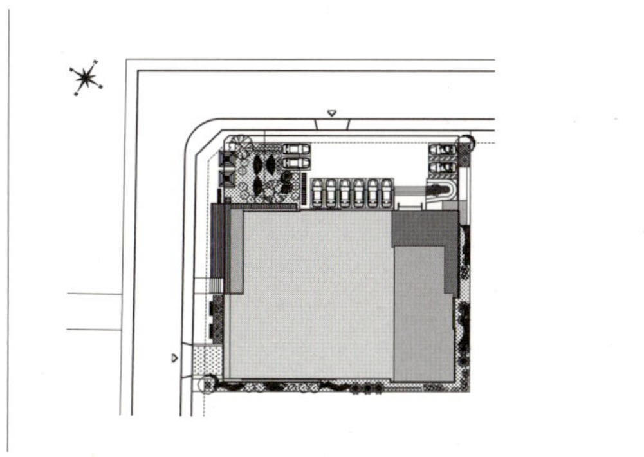

Location Gyeonggi-do, Korea **Function** Religion facility **Enforcement design** Jo Gang-seok, Kim Dae-il, Bak Jin-hui **Site area** 2,020m^2 **Bldg. area** 1,132m^2 **Total floor area** 7,232m^2 **Landscape area** 303m^2 **Stories** B1, 7FL **Structure** Steel framed reinforced concrete **Photographer** Kim Myeong-sik

Hapjeong Methodist Chruch

Abel General Architect office Co., Ltd.
Yang Min-Su

곳에서 하는 기도에 내가 눈을 들고 귀를 기울이리니
이미 이 전을 택하고 거룩하게 하여
여기 영영히 있게 하였음이라
항상 여기 있으리라 (대하 7:15~16)

꿈이 있는 교회 · 꿈대로 되는 교회
네 앞에 서신 분이 누구인지 알라
know whom you stand before

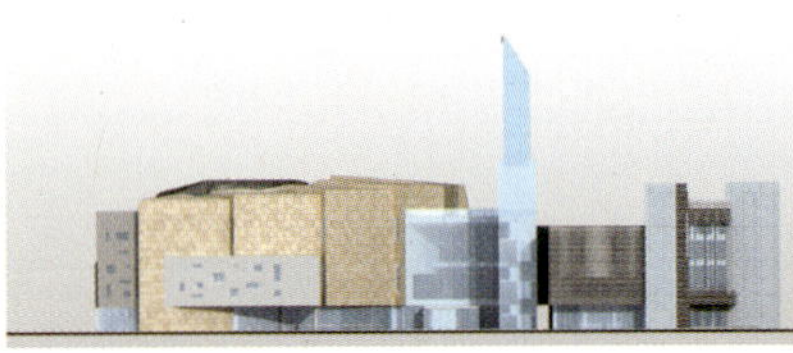

South elevation

East elevation

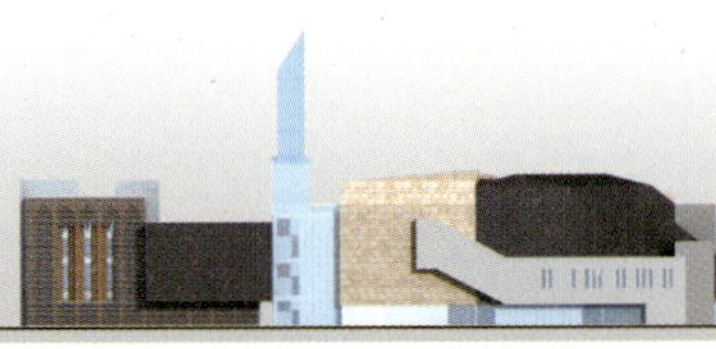

North elevation

West elevation

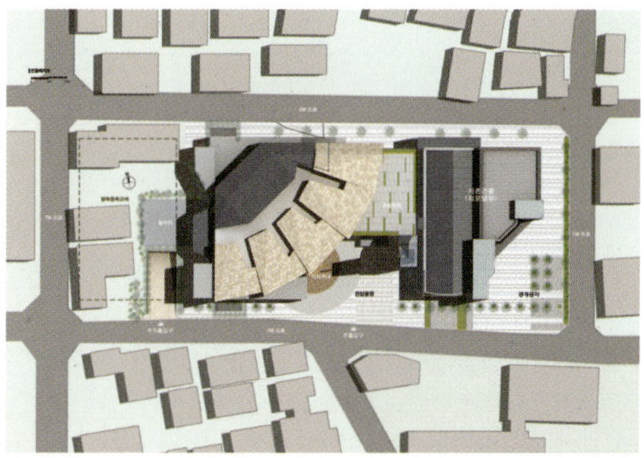

Location Gwangju Metropolitan City, Korea **Site area** 5.842.00m^2 **Road plan** North Side 6M, East Side 7M, South Side 7M **Bldg. area** 3.070.33m^2 **Total floor area** 14.593.08m^2

Dongmoung Church

Abel General Architect office Co., Ltd.

Yang Min-Su

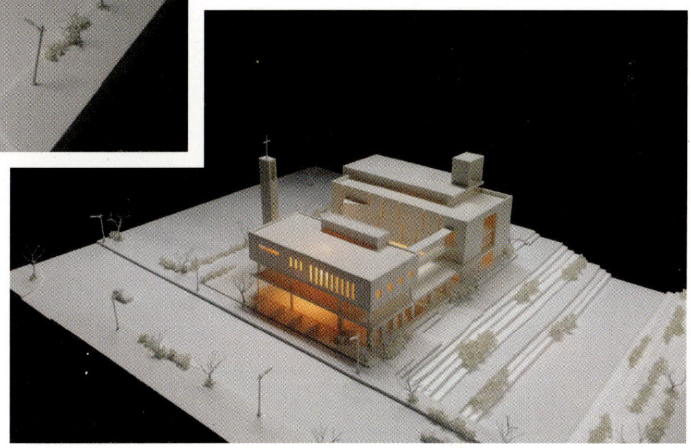

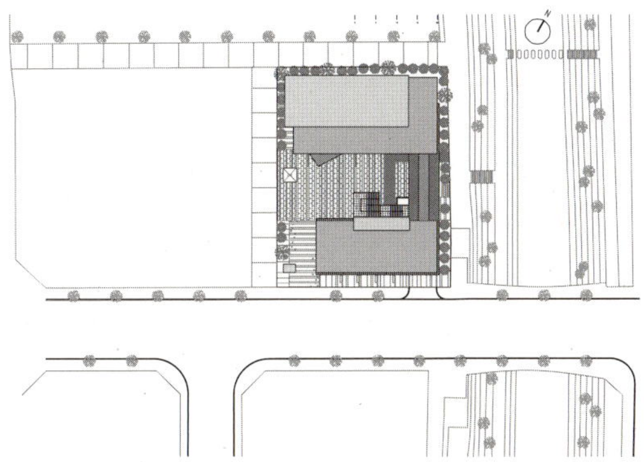

Location Gyeonggi-do, Korea **Site area** 2,214,50m^2 **Road plan** 20M road **Bldg. area** 1,186,74m^2 **Total floor area** 4,467,37m^2

Mooldan Dongsan Church

Abel General Architect office Co., Ltd.
Yang Min-Su

04

윤승지

규빗건축사사무소
CUBIT

규빗은 작은 일에서부터 최선을 다하는 기업으로, 고객 만족을 최우선으로 생각하며, 새로우면서도 전통을 중시하고, 신선하면서도 품위를 잃지 않고, 창의적이면서도 기본을 지키며 참신한 형태와 21세기의 건축적 비전을 제시하고자 합니다.

규빗건축 철학

건축의 독자성(Identity)은 가장 중요한 요소 중의 하나이다. 건축은 그 장소의 상황과 연계되기 때문이다. 교회건축에 있어서도 독자성(Identity)은 매우 중요하다. 교회마다 목회철학이 다르고 구성원이 다르고 위치가 다르기 때문이다. 교회는 교회마다의 고유성(Identity)이 존중되어져야 한다. 한때 교회건축은 천편일률적으로 장소와 위치, 그 주변의 흐름과 상관없이 붉은 벽돌로 지어졌다. 여기에 규빗(Cubit)은 교회마다 고유성을 찾아주고자 한다.

하나의 건물은 도시의 컨텍스트(Context)를 변화시켜 나간다. 이런 변화는 도시의 질서 체계를 세워나가며 주변과의 관계를 형성하며 여기에서 하나의 흐름이 발생한다. 각 지역의 거점화가 가장 잘된 것이 교회이다. 교회는 지역사회에 미치는 영향력이 건축적으로 매우 크다고 할수 있다. 지역의 흐름을 주도하기도 하며, 변화와 수정, 첨가 등을 가져온다. 이러한 상황 가운데 교회의 Context는 매우 중요하다.

규빗은 교회 건축의 identity와 Context를 찾아가고자 한다. 교회건축의 흐름을 주도하며 교회 건축의 새로운 패러다임을 이끌어 21세기의 새로운 비젼(Vision)을 제시하고자 한다.

2014 | 2013 | 2012 | 2011 | 2010

YOON, SEUNG-JI

서울시립대학교를 졸업하고, 동 대학교에서 석사학위를 받았으며, 제1회, 제3회 국민일보 "아름다운 교회 건축" 대상 수상, 교회 설계 최초 국민일보 '설계감리부분 건축 대상 수상', 한국 교회 건축의 패러다임을 리드하는 회사로 'VISION 2011 경영 혁신 대상'을 수상하였으며 2009 - 2014년 현재 국민일보 교회 건축 자문위원으로 활동 중이며, 2010 - 2014 국민일보 전국 순회 세미나 개최, 교회 건축 문화 대전을 통해 여러 번의 전시회를 가졌다. 43회 걸쳐 각종 교회 현상 공모 당선 했으며, 대표 작으로는 거창 순 복음교회, 은평교회, 왕십리 꽃재교회, 세곡교회, 수원 예닮학교, 신길교회 등이 있다.

PROJECT LIST

01 왕십리 꽃재교회 · BLOOMING HILL METHODIST CHURCH ··· 126

02 세곡교회 · SEGOK PRESBYTERIAN CHURCH ··· 136

03 신길교회 · SHINGIL CHURCH ··· 146

04 수원중앙침례교회 · SUWON CENTRAL CHURCH ··· 156

BLOOMING HILL METHODIST CHURCH

왕십리 꽃재교회

윤승지 / 규빗건축사사무소

대지위치 : 서울시 성동구 하왕십리동 왕십리뉴타운 3구역 내 획지9
지역지구 : 제1종 일반주거지역, 제3종 일반주거지역
대지면적 : 3,474.00㎡
건축면적 : 1,728.86㎡
연 면 적 : 17,172.47㎡
건 폐 율 : 49.76%
용 적 율 : 191.43%
규 모 : 지하4층, 지상7층
구 조 : 철근콘크리트조 + B-cable구조

기독교대한감리회

꽃재교회는 왕십리 뉴타운 3구역 중앙에 위치해 있다. 주변은 재개발 아파트 단지로 둘러 쌓여있고, 인접하여 중학교가 위치해있다. 북쪽으로 25m 전면도로가 있고 대지는 서쪽에서 동쪽으로 완만한 오르막을 이루며 상승하고 있다. 대지 동쪽은 왕십리 뉴타운을 순환하는 보행도로가 인접해있고, 남쪽으로 작은 공원을 끼고 있다. 계획은 대지의 고저차를 최대한 활용하여 차량출입을 대지 서쪽의 낮은 레벨에 두고 동쪽 순환 보행로에 면하여 보행 주출입구를 두어 자연스럽게 보행자 동선과 차량동선을 분리시켰다.

지하 1층은 전면 도로쪽과 후면 공원 쪽 모두 선큰을 두고 그 사이를 통로를 설치하여 전면도로에서 후면공원으로의 접근이 용이하게 계획하였으며 통로는 주민과 성도들의 전시공간, 놀이마당 등을 계획하였다. 지하층은 가급적 햇빛과 통풍이 용이하도록 대지의 낮은 레벨에서 전면을 오픈시키고, 건물후면에는 선큰을 설치하였다. 청소년과 젊은층(20, 30대)이 선호하는 미래지향적이고, 진취적인 랜드마크 구현이 교회의 요구사항 이였다. 우선 저층부에 본당을 배치하고 각종 교육공간, 사무공간을 고층화하여 이것을 하나

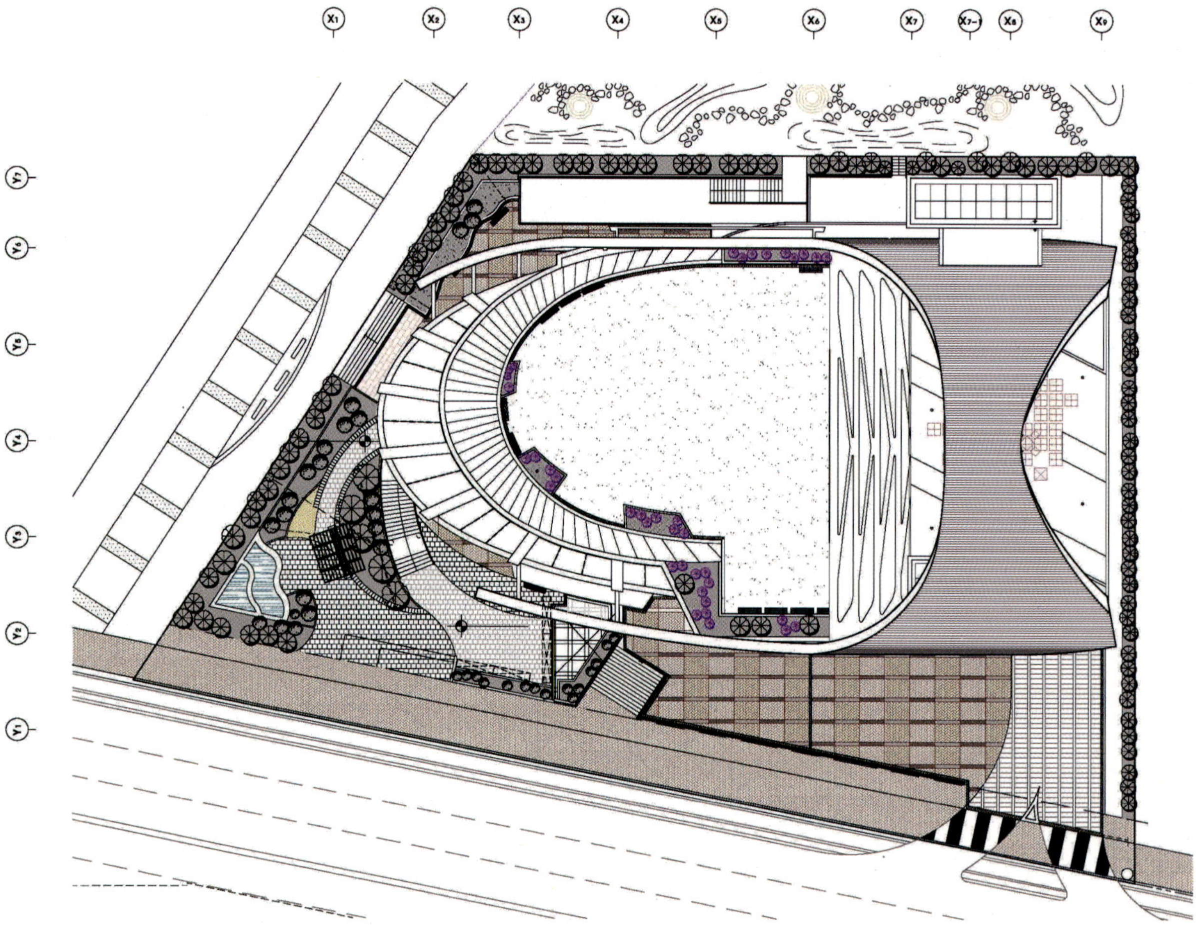

배치도

의 큰틀로 묶어서 기도하는 손의 모양과 예수그리스도가 예배당을 안고 있는 모습을 형상화 하였다. 외벽재료는 유공판넬과 유리를 사용하여 "교회는 하나님 은혜의 품"이라는 상징적 표현을 은유적으로 표현하였다. 교회전면에서 시작되어 건물내부를 뚫고 들어가듯이 관입되는 외부계단은 속세의 때를 벗고 구원의 여정으로 나아감을 의미하며, 내부로 들어서는 순간 천장을 통해 쏟아지는 환한 햇빛은 우리 구원이 전적으로 하나님의 은혜임을 나타내고자 하였다.

전체적인 형태는 밀집된 아파트 숲 속에서 하나의 오브제처럼 보여지는 교회의 모습을 구현하고자 했으며, 이것은 뉴타운 순환보행 도로면에 생동감과 생경감을 부여하고, 지역의 랜드마크로, 또 지역 커뮤니티 센터로써 지역 주민에게 활력을 주는 교회 계획의 한 예이다.

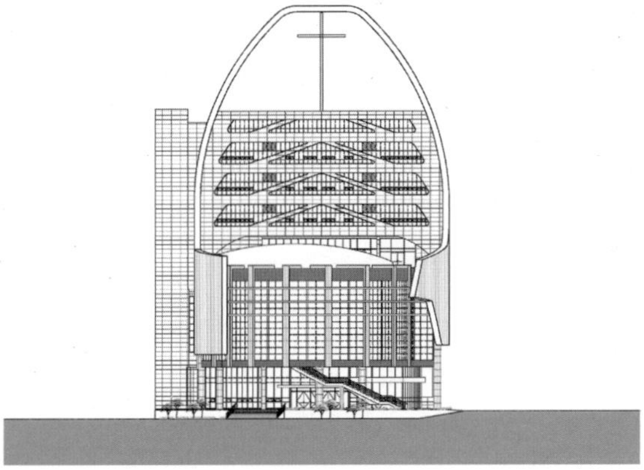

좌측면도

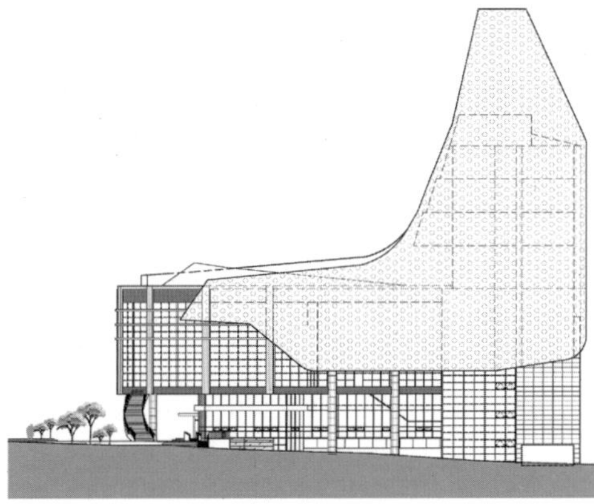

정면도

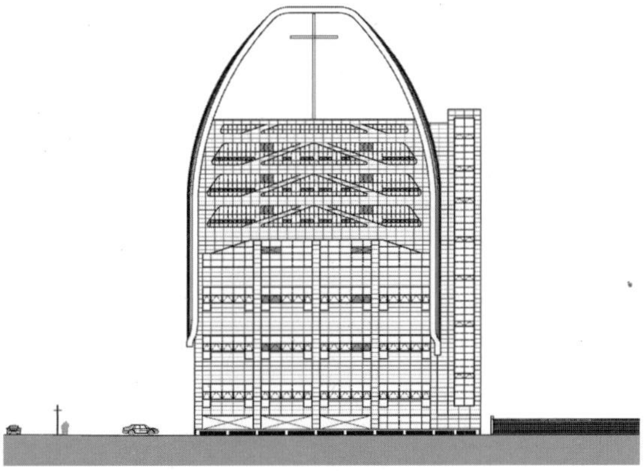

우측면도

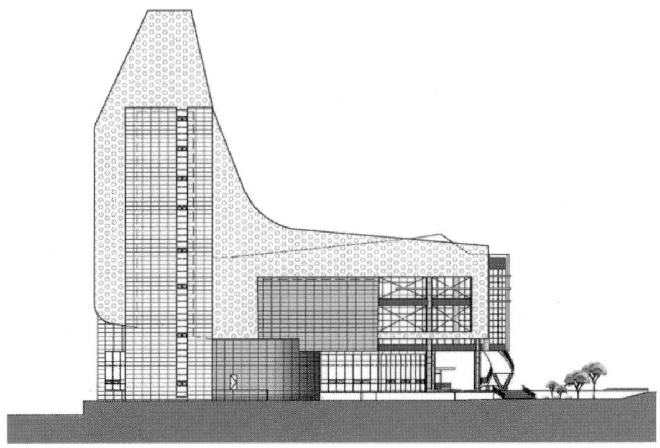

배면도

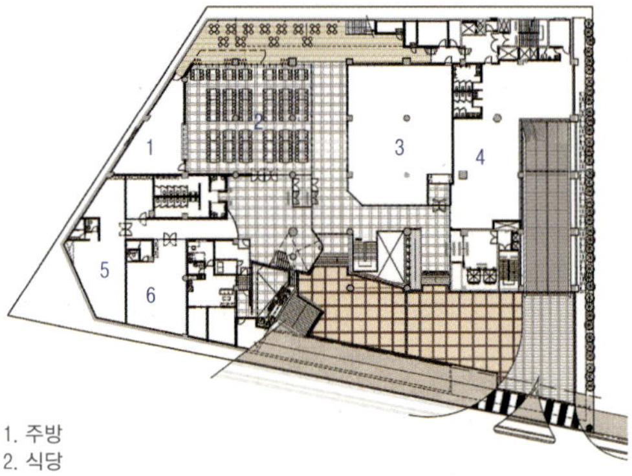

1. 주방
2. 식당
3. 노유자시설
4. 독서실
5. 유아부실
6. 유치부실

지하 1층 평면도

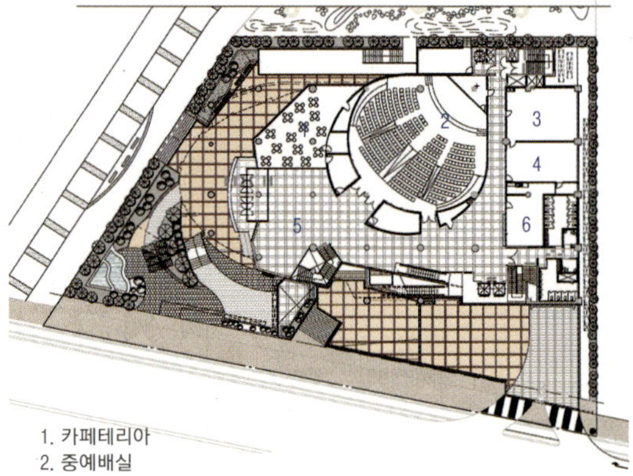

1. 카페테리아
2. 중예배실
3. 교역자실
4. 회의실
5. 만남의 광장
6. 사무실

지상 1층 평면도

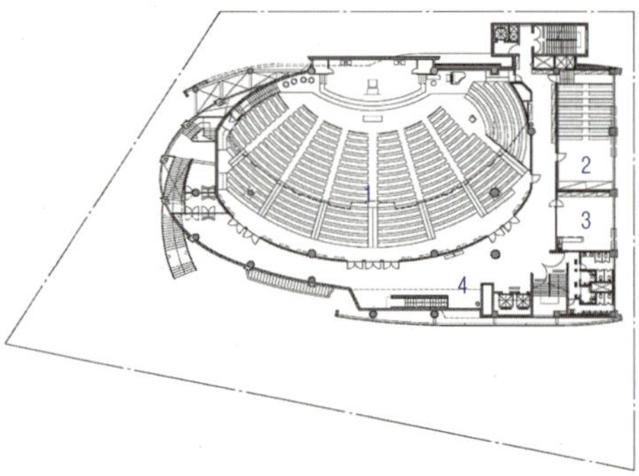

1. 대예배실
2. 대찬양대실
3. 새가족 및 사역실
4. 홀

지상 2층 평면도

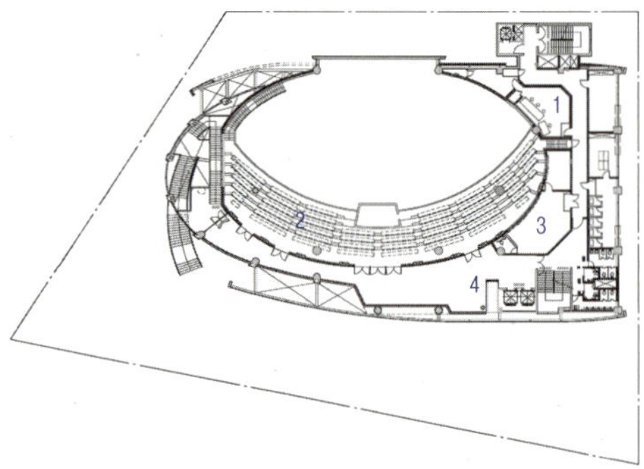

1. 방송센터
2. 발코니석
3. 자모실
4. 홀

지상 3층 평면도

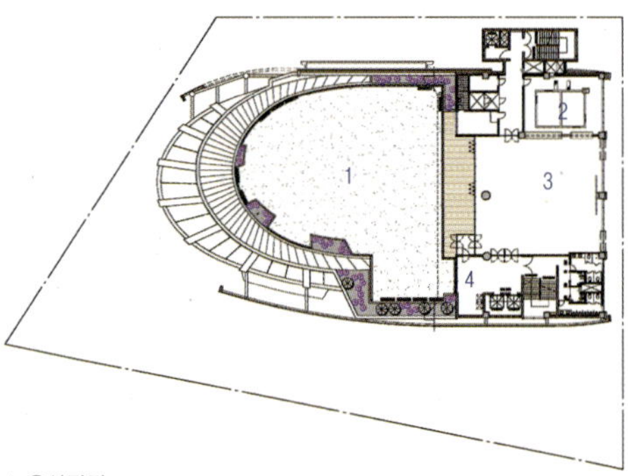

1. 옥상광장
2. 주방
3. 식당
4. 홀

지상 4층 평면도

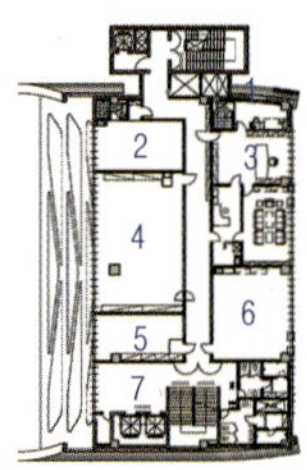

1. 목양실
2. 소그룹실
3. 당회장실
4. 기획위원회실
5. 원로장로회실
6. 다목적실
7. 홀

지상 7층 평면도

SEGOK PRESBYTERIAN CHURCH

세곡교회

윤승지 / 규빗건축사사무소

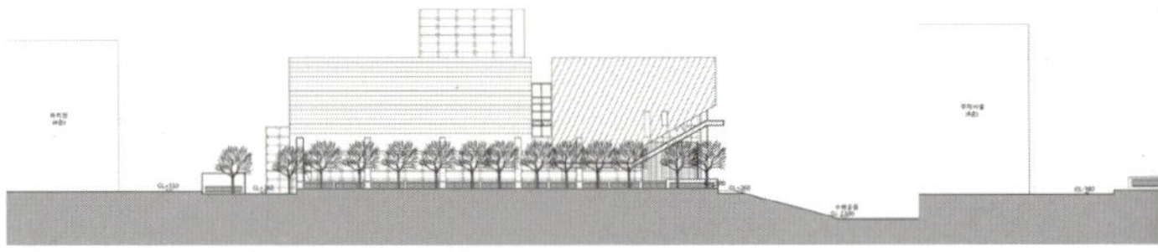

좌측면도

대지위치 : 서울특별시 강남구 세곡1지구 보금자리택지 내 종교용지 1
지역지구 : 제1종 일반주거지역, 제3종 일반주거지역
대지면적 : 2,887.39㎡
건축면적 : 1,729.39㎡
연 면 적 : 5,773.52㎡
건 폐 율 : 59.90%
용 적 율 : 199.98%
규 모 : 지하4층, 지상4층
구 조 : 철근콘크리트 구조, 철골조

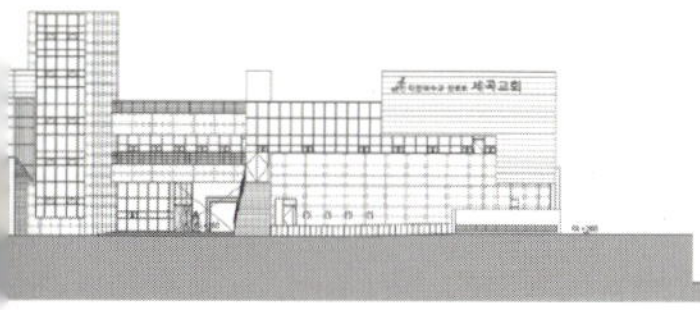

정면도

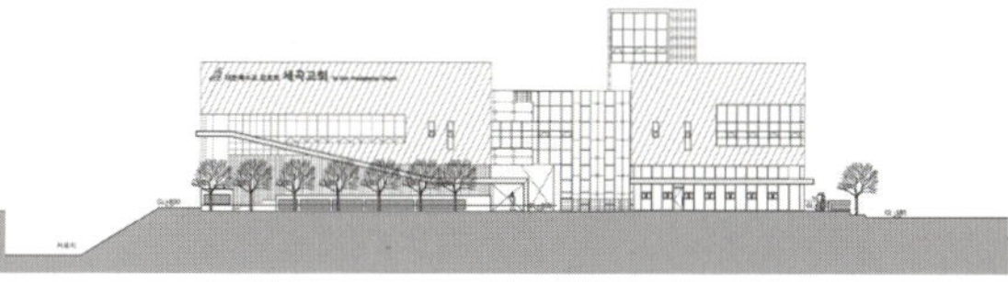

배면도

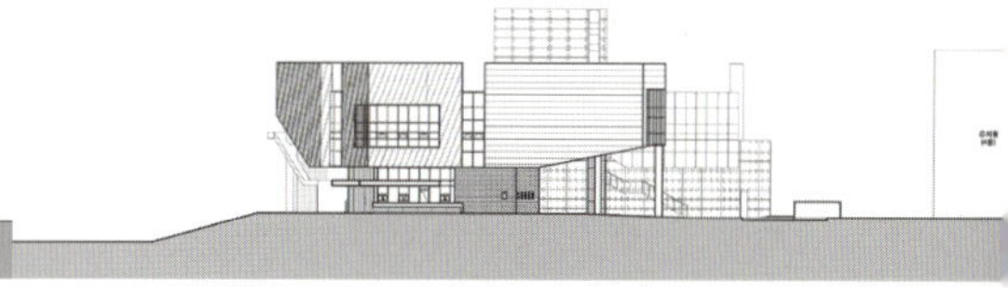

우측면도

세곡교회는 성남으로 향하는 헌릉로를 따라 내려가다가 왼쪽으로 보금자리 주거단지가 시작되는 시점의 종교용지에 세워졌다. 세곡보금자리는 6천8백세대 규모의 대형아파트 단지로 주로 젊은층의 입주가 예상되고 주변의 아름다운 자연환경과 어울려 최상의 주택단지로 발전가능성이 높은 지역이다.

그러나, 세대수와 인구에 비교하여 문화용지 2곳, 공공청사 2곳으로 문화공공시설이 많이 부족한 주거단지이다. 그래서, 세곡교회는 계획 초기부터 교회보다는 지역의 문화센터로써의 기능을 담당하는 교회, 즉, 지역사회에 활력을 주고 교회건물을 활용하여 지역주민에게 지역사회시설로서의 교회가 되도록 한다는 전제를 가지고 시작되었다. 그렇게 하기위하여 계획개념으로 Comunication과 Flexibility를 도입하여 교회건축 프로그램을 재해석하고 다용도 사용을 고려한 가변적 공간구성을 계획하였다.

대예배당은 1층과 지하1층에 위치시켜 접근성을 높이고, 대예배당 1층은 체육공간으로 활용가능하게 하였으며 코어는 집중시켜 지상층은 최대한 가변성을 부여할 수 있도록 계획하였다.대지는 3등분하여 중앙에 진입광장을 두고 좌측으로 본당동, 우측으로는 교육관 기능을 배치하였으며 진입광장에서 남쪽의 수변공원 연결되는 통로를 두어 공원이 교회의 마당과 연결되므로 말미암아 자연스럽게 공원이 교회의 일부처럼 활용될 수 있도록 계획하였다. 지하층은 선큰을 두어 대예배당으로의 접근성을 높이고 햇빛과 통풍이 가능토록 하였다. 동선계획은 동시간대에 차량이 몰리는 교회의 특성상 차량동선은 진입차량과 진출차량 동선을 따로 분리하여 설치하였으며, 보행자 동선과 얽히지 않도록 보차분리를 원칙으로 계획하였다. 건물배치는 펼쳐놓은 성경책을 의미하여, 건물을 사등분하여 위압감과 볼륨감을 감소시켜 주변과의 조화를 이루게 하고 너무 교회같은 이미지보다 문화센터와 같은 편안한 분위기의 건물이 되게 하였다. 외피는 반투명의 폴리카보네이트의 마감으로 밤에는 LED조명에 의해 교회전체가 하나의 등대처럼 빛을 발하며 하나님 성막의 불기둥처럼 보이게 계획하였으며 헌릉로 주변을 비추는 하나님 말씀의 등대가 되도록 하였다. 그러나, 교회사정으로 지상4층에서 2층으로 설계변경 되면서 판넬과 징크마감으로 바뀌게 되었다. 이점은 지금도 아쉬움으로 남는다.

교회내부는 가급적 오픈공간을 많이 두어 전체적으로 밝은 분위기의 교회가 되게 하였다. 건물 중앙의 코어를 제외하고는 규격화된 모듈계획으로 공간의 가변성을 중대시켜 추후 건물의 용도변화에 발맞추어 자유롭게 평면변경이 가능토록 하여 다음 세대를 준비하는 교회 PLAN이 되도록 하였다. 앞으로 세곡교회가 세곡보금자리 주택단지의 지역사회를 아우르는 커뮤니티센터가 되길 소망하며, 이것으로 세상에 하나님의 복음의 사명을 감당해나가 하나님 나라의 지경이 넓혀지길 기원해본다.

Design Motive

홍수가 끝나고 축복의 땅 아라랏산에 도착한 "노아의 방주"처럼 새로운 출발을 앞두고 있는 세곡교회가 말씀과 은혜가 충만하고 지역사회를 포용하는 "축복의 통로"로 세워질 수 있도록 세상과 소통하고, 나아가 세상을 소통시키는 "하나님 나라를 향해 열린" 교회를 제안한다.

빛의 교회(하늘과 소통하는)

하나님과 소통하는 교회
하나님이 인도하는 교회
등대처럼 빅을 발하는 교회
떠 있는 성막... 뜨인돌... 하나님의 말씀

말씀이 역사하는 교회(진리와 소통하는)

예배와 말씀을 지키는 교회
선교를 향한 비전을 품은 교회
말씀으로 충만한 교회

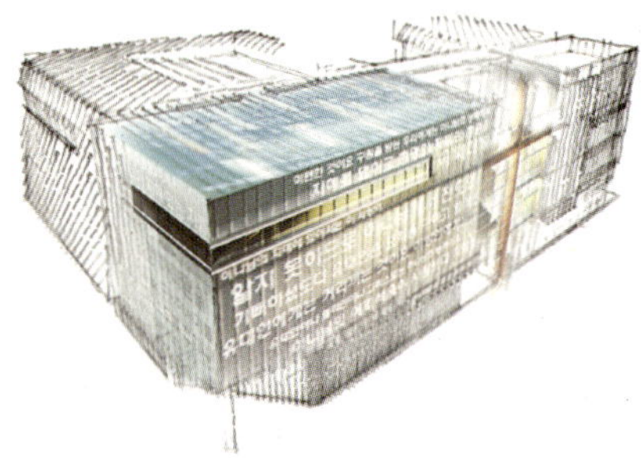

성도들이 함께하는 교회(이웃과 소통하는)

이웃과 소통하는 교회
세상을 밝히는 교회
성도가 하나되는 교회

열린교회, 문화공간 (자연과 소통하는)

자연과 소통하는 교회
성장하는 교회
나눔과 교제가 풍성한 교회
Green Network

DREAM FESTIVAL
들어가는 곳

세곡교회 SEGOK PRESBYTERIAN CHURCH

세곡교회
SEGOK PRESBYTERIAN CHURCH

지하1층평면도

1. 대 예배실
2. 홀
3. SENKEN
4. 성가대석
5. 중정

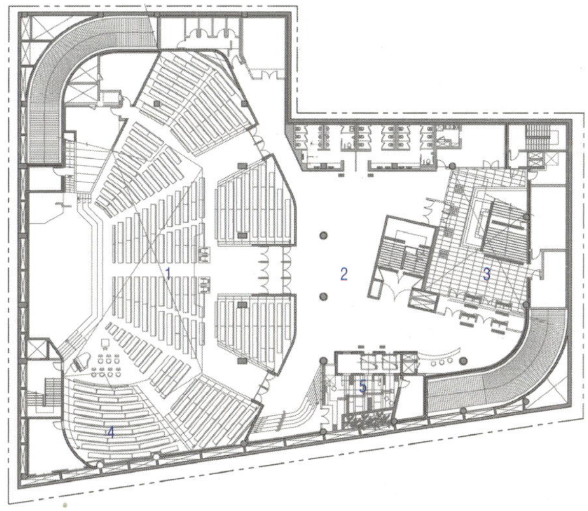

지상1층평면도

1. 발코니석
2. 홀/로비
3. 카페테리아

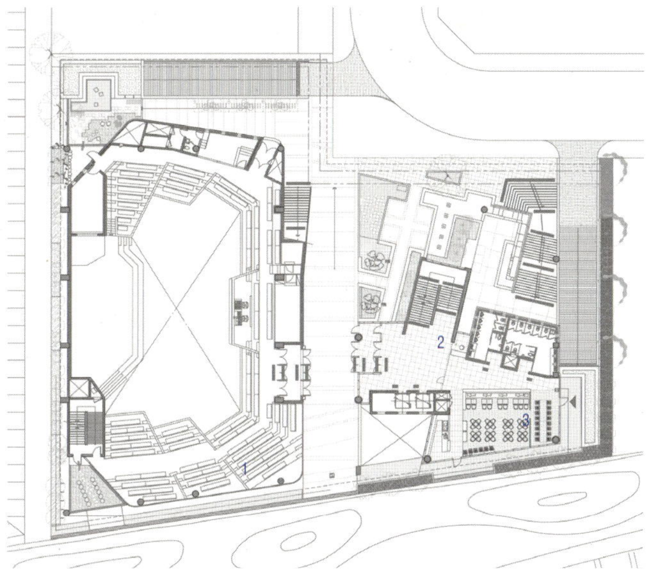

지상2층평면도

1. 놀이방
2. 다목적 강당(청년부)
3. 식당
4. 홀/복도
5. 당회의실
6. 다목적공연장 및 영화관 (성가대연습실)

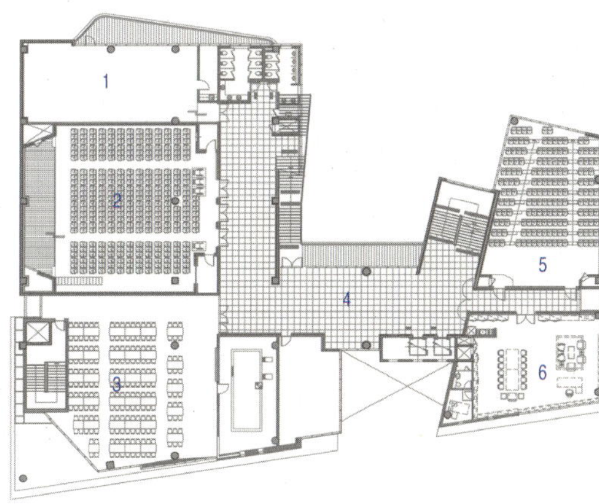

SHINGIL CHURCH

신길교회

윤승지 / 규빗건축사사무소

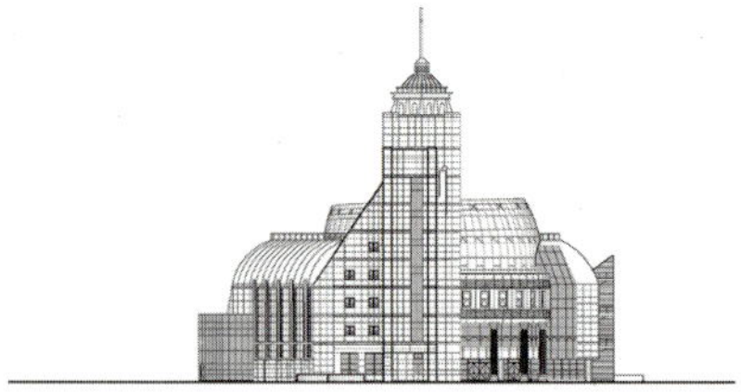

좌측면도

신길교회는 대로에서 한 블럭 후면의 매우 혼잡한 주택 단지 내에 위치하고 있다. 그래서, 계획 당시부터 세심한 배려가 요구되었던 프로젝트다. 우선 4m도 채 되지 않았던 주변도로들을 6m이상으로 넓히고 지역주민들에게 큰 마당을 제공하여 개방감을 확보해주고 골목길 같았던 도로를 넓혀 나무를 심고, 보행자 도로를 설치하여 통행을 용이하게 하였다. 지역의 커뮤니티센터로써 지역주민들에게 지하수공급, 부족한 인근 주차장을 교회에서 주차장을 개방하여 주차난을 해소하는 등 많은 배려를 아끼지 않는 교회이다.

대지위치 : 서울특별시 영등포구 신길동 63-3번지 외 지역지구 제2종 일반주거지역
대지면적 : 4,455.29㎡
건축면적 : 2,516.96㎡
연 면 적 : 28,989.74㎡
건 폐 율 : 56.49%
용 적 율 : 199.67%
규　　모 : 지하6층, 지상7층
구　　조 : 철근 철골 콘크리트조

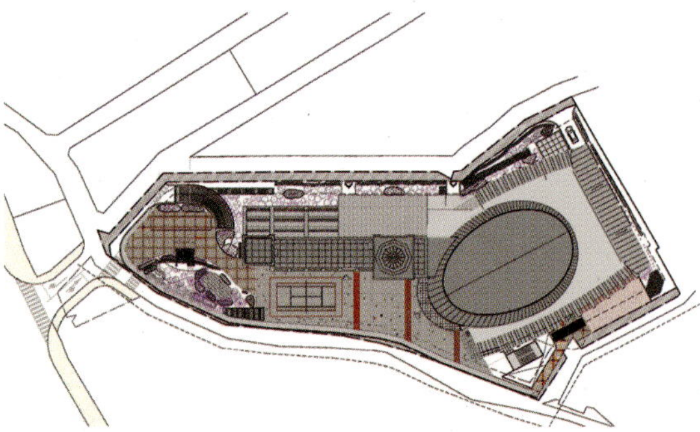

배치도

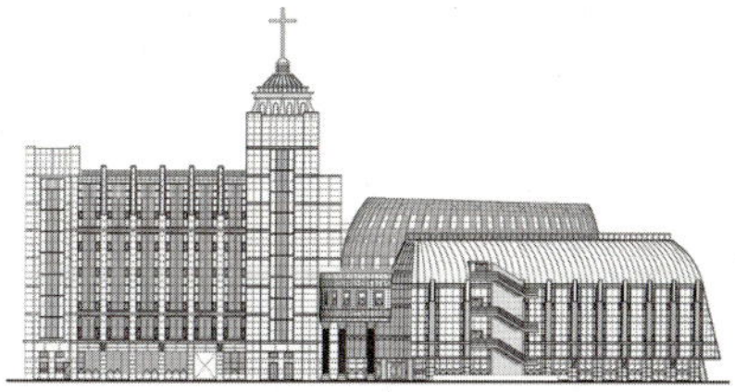

정면도

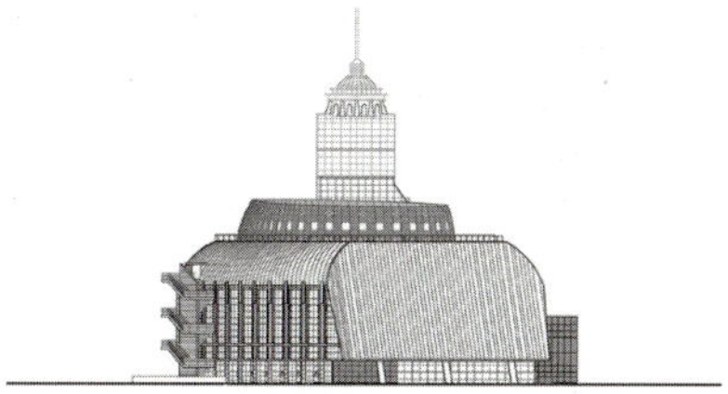

우측면도

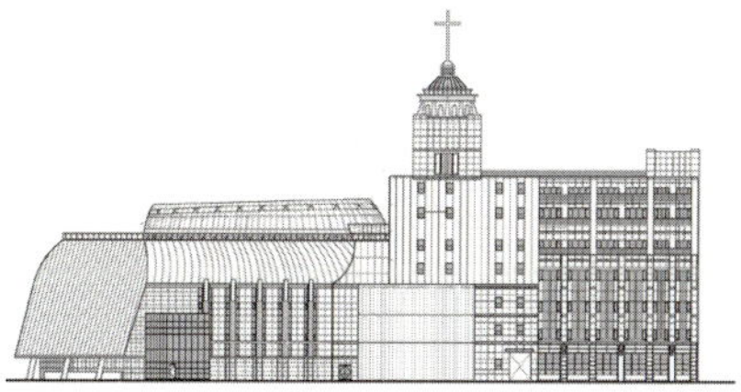

배면도

신길교
신
길
교
회

처음 계획당시 1만평이 넘는 교회의 요구조건과 3,500석의 본당 규모가 가장 큰 과제였다. 주변이 주택가이기 때문에 너무 큰 볼륨을 지양하고 최소의 건폐율과 용적율을 확보해 너무 화려하지 않는 교회를 계획하는 것이 목표였다. 본당을 2층~4층 사이에 두어 위로 올라가면서 그 볼륨을 줄이고, 본당 상부는 미니 체육관을 설치하여 주중에는 지역 주민에게 개방하고 주일에는 중/고등부 예배실로 이용토록 하였다. 계획 초기부터 수많은 스케치를 통하여 주변에 가장 잘 어울리는 형태를 찾고자 하였으며, 이전 교회의 이미지와 신길 등의 역사성을 고려하여 고풍스런 형태를 계획하였다. 전체적으로는 경배와 찬양이라는 컨셉으로 입면의 수직적인 요소를 살려 성도들이 하나님을 향해 손을 들고 찬양하는 모습을 나타내고자 하였다.

오픈공간이 전혀 없이 무질서(카오스)한 주택군들 사이에 오픈 광장을 설치하여, 주민들에게 체육활동공간으로 제공하고, 주변에 장소성을 부여하고자 했다.

새가족안내

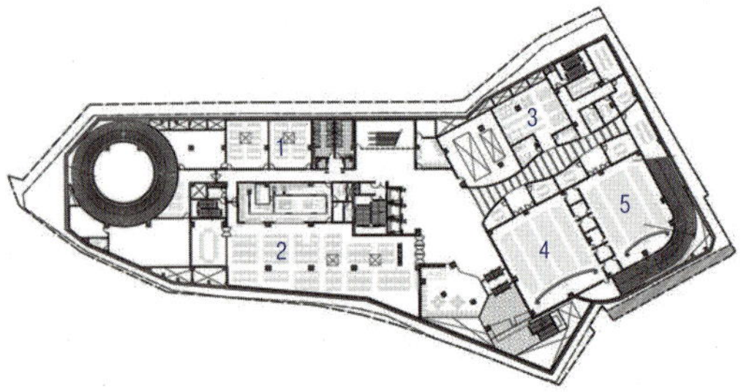

1. 유치부 프로그램실
2. 식당
3. 열린도서관
4. 소예배실#1
5. 소예배실#2

지하 1층 평면도

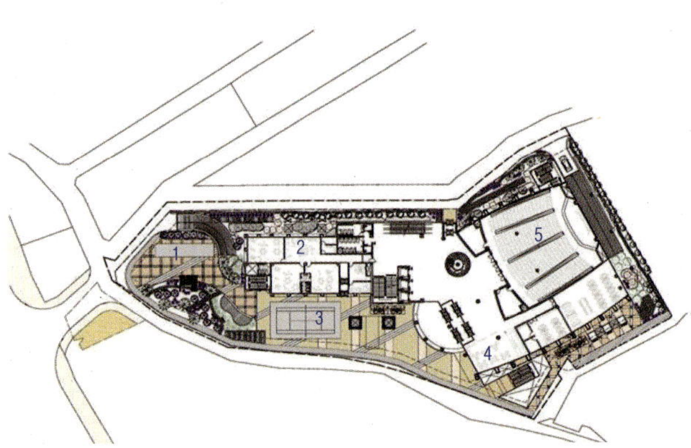

1. 공개공지
2. 유치원
3. (주민)체육광장
4. 키페테리아
5. 중예배실

지상 1층 평면도

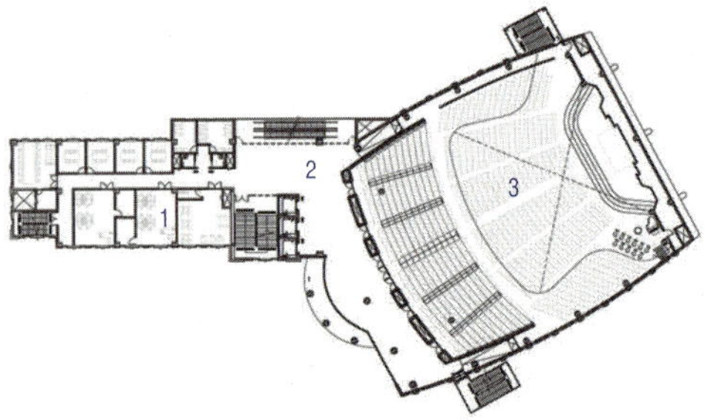

1. 전도본부
2. 홀
3. 대 예배실

지상 2층 평면도

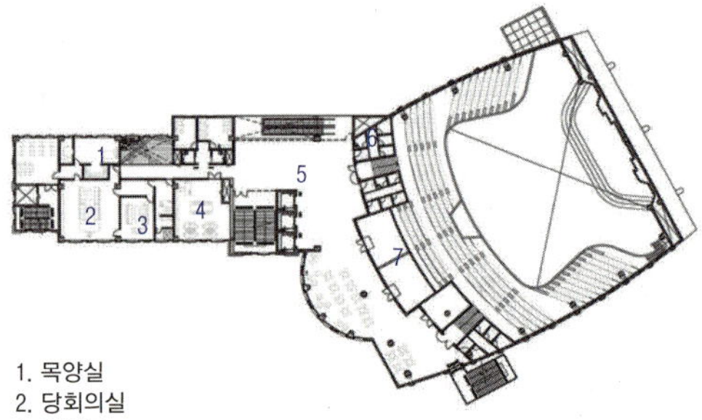

1. 목양실
2. 당회의실
3. 접견실
4. 선교회실
5. 개인기도실
6. 종합멀티미디어실

지상 3층 평면도

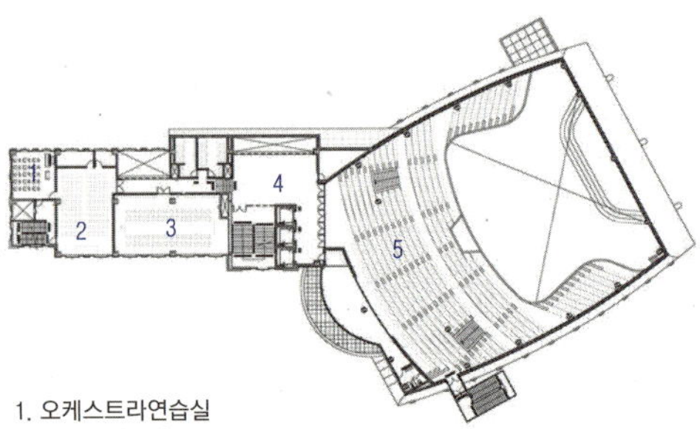

1. 오케스트라연습실
2. 찬양대연습실
3. 당회의실
4. 홀
5. 발코니석

지상 4층 평면도

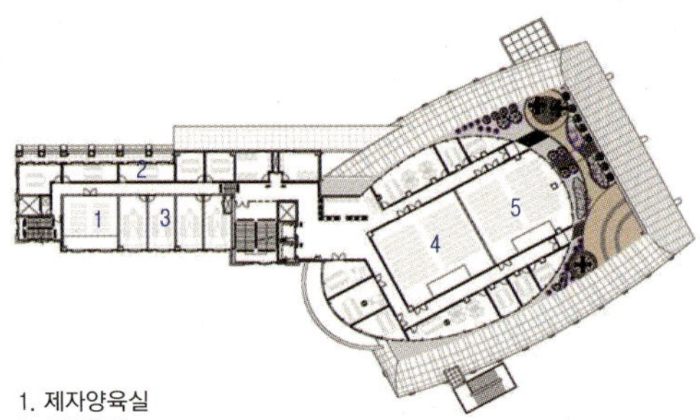

1. 제자양육실
2. 소그룹실
3. 제자반알파코스
4. 고등부예배실
5. 중등부예배실

지상 5층 평면도

SUWON CENTRAL CHURCH

수원중앙침례교회

윤승지 / 규빗건축사사무소

좌측면도

대지면적 1만여평에 고등학교, 중학교, 초등학교, 유치원, 복합문화공간 까지 설치하는 복합학교 프로젝트이다. 이런 복합기능에서 가장 중요한 것이 각 기능들의 독립성 확보와 연계 등일 것이다. 대지는 전면도로에서 대지 상단까지 약 30m의 고저차를 이루고 있다. 먼저, 교문과 축을 이루어 강단, 체육관, 문화공간을 사이에 두고 좌측에는 중학교, 고등학교를 묶어서 설치하고 우측에는 유치원과 초등학교를 설치하였다. 면적 비율에 따라 중, 고등학교 전면에는 대운동장을 설치하였고, 우측 초등학교 전면에는 소운동장을 설치하여 초등학교와 중, 고등학교가 섞이지 않도록 하였으며 각 학교들의 영역이 최대한 확보되도록 계획하였다.

대지위치 : 광교 택지개발지구 내 학교 2블럭 지역지구 광교지구택지 개발 학교용지
대지면적 : 33,817.00m²
건축면적 : 13,983.59m²
연 면 적 : 68,171.12m² 건폐율 41.35%
용 적 율 : 199.67%
규 모 : 지하2층, 지상5층
구 조 : 철골철근콘크리트조 , 철골조

정면도

우측면도

배면도

다양한 문화행사와 체육활동 등이 일어나는 문화 집회동은 각 학교들의 중심에 두어 서로 유기적으로 연결토록 계획하였고, 대지의 고저차를 이용하여 보행자와 차량동선을 분리하고, 체육관과 강당은 사이에 Moving Wall을 설치하여 때로는 넓은 공간으로 확장 가능토록 하여 때로는 체육관으로 때로는 집회공간으로 다목적 사용이 가능토록 계획하였다.

고등학교 영역
- 교과 교실
- 행정, 관리실
- 도서관

중 정
- 외부 휴게공간

대공연장 영역
- 2,000석 대공연장
- 체육관 2개소
(1,500석 규모 이벤트홀)

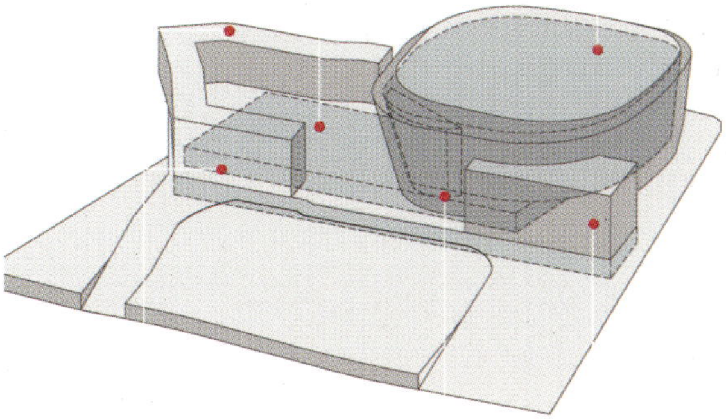

중 · 소 공연장 영역
- 800석 · 500석
- 300석 · 150석

교제/친교 영역
- 식당(급식실)
- 카페테리아

홀/아뜨리움
- 실내 진입공간
- 로비 및 휴게홀

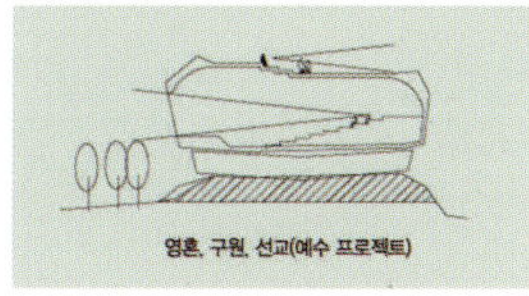

녹색예배처

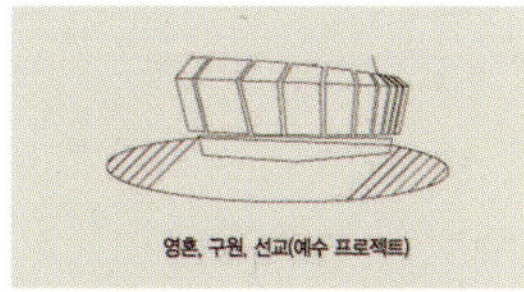

선교적 베이스 캠프

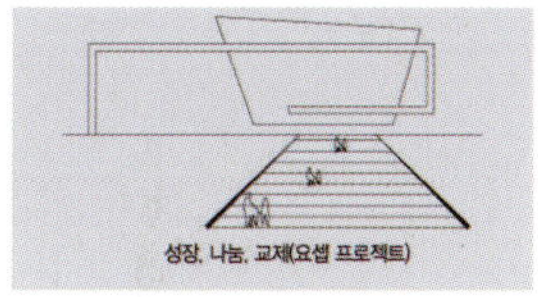

열린 문화 공간

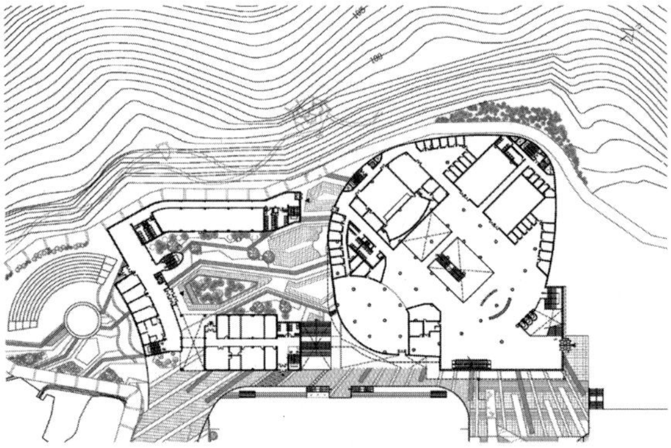

지상 1층 평면도

1. 고등학교동
2. 멀티미디어 정보 도서관
3. 소공연장
4. 식당
5. 중공연장
6. 초등학교동
7. 어린이집
8. 중학교동
9. 대운동장
10. 소운동장

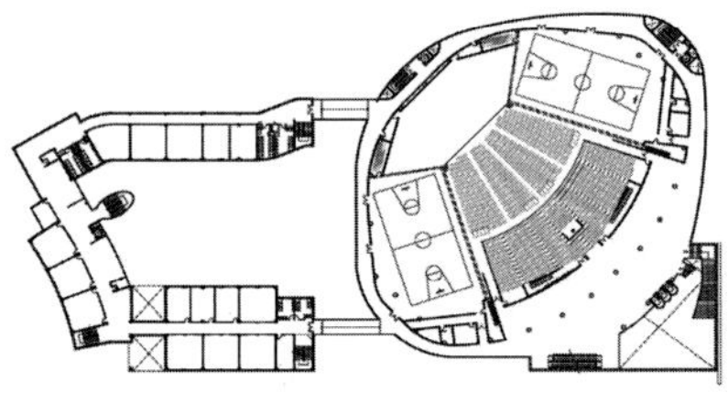

지하 2상 평면도

11. 중정
12. 합창연습실
13. 카페테리아
14. 회의실

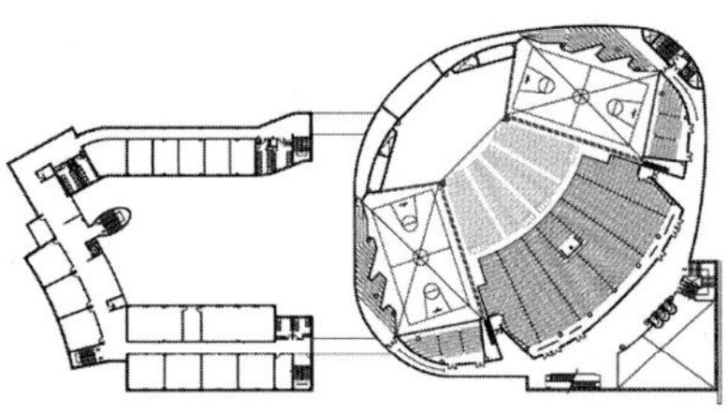

지상 3층 평면도

15. 강당 (다목적 체육관)
16. 대공연장

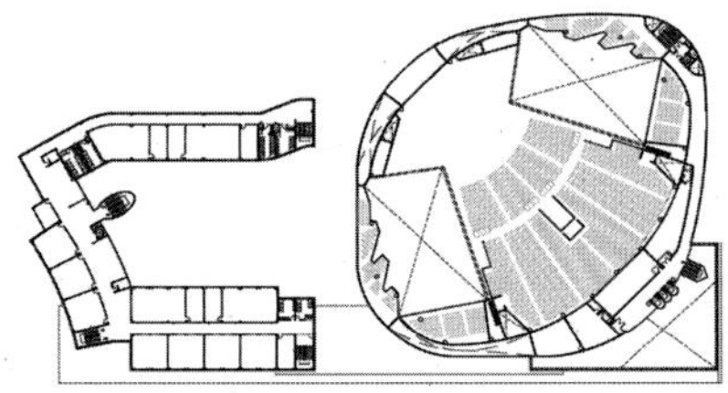

지상 4층 평면도

11. 중정
12. 합창연습실
13. 카페테리아
14. 회의실

05

이충기

서울시립대학교+(주)한메 건축사사무소
HANMEI

현재 서울시립대학교 건축학부 교수로 한국문화예술위원회 위원을 역임하였다. 교회건축으로 유럽순회전(2008~2009)을 가졌으며 베니스비엔날레(2010)에 한국대표작가로 참여하는 등 국내외에서 많은 전시활동을 하고 있다. 서울시립대학교 선벽원, 제주전문건설회관, 진광교회, 옥계휴게소, 숭인교회, 인삼랜드휴게소, 가나안교회 등의 대표작으로 다양한 수상실적을 쌓았다. 최근 교회건축설계 외에 마을가꾸기, 공공디자인 등의 사회활동과 도시, 건축의 재생 및 재활용 분야에 많은 관심과 노력을 기울이고 있다.

한국교회건축의 복합성

오늘날 한국의 교회 건축은 도시경관과 일상의 복합성을 압축적으로 표현하고 있다.

그 복합성은 기복신앙에 기인한 우리의 국민성과 역사적 궤를 같이하며지금도 활발히 진화하고 있다.

천년의 역사를 가진 불교, 유교의 전통적 기반위에서 기독교가 도입된 지 불과 100년 만에 전 국민의 20%인 900만명이 기독교 신자로 통계된 만큼 기독교의 발전은 기적과도 같은 것이었다. 그 100년의 부흥은 신에 의지하고 복을 기원하려는 국민성이 개화기, 식민지시대, 한국전쟁, 경제발전, 디지털혁명 등의 급속한 시대변화와 함께 동행하면서 이룩한 것이었다. 이제 교회건축은 예배와 같은 본연의 기능 외에 전도와 부흥을 위해 시대적 변화를 수반하는 프로그램을 수용하면서, 없는 것이 없는 동네의 만물상 가게와 같이, 다양하고 복합적인 문화공동체의 성격을 나타내고 있다. 따라서 한국교회는 다양한 프로그램의 복합체라 할 수 있다.

이러한 프로그램의 변화는 간판이 뒤덮고 있는 건물의 입면처럼 화려하다. 도시의 일상 속에 묻혀 겉으로 드러나지는 않지만 교회 공간 안에서의 전도, 부흥, 문화, 복지를 위한 다양한 프로그램은 도시가로의 간판만큼이나 화려하고 다양하게 시도되고 있는 것이다. 이번에 소개되는 5+3개의 프로젝트는 역사와 도시적 상황, 대지조건 등에서 서로 대비되는 복합적 프로그램이 반영된 교회건축이라 할 수 있다.

LEE, CHUNG-KEE

현재 서울시립대 건축학부 교수 [주요작품 및 수상내역] 경주실내체육관(1999, 포스코강구조상), 가나안교회(2001, 한국건축문화대상 본상), 인삼랜드휴게소(2001, 한국건축문화대상우수상), 옥계휴게소(2005, 한국건축문화대상 본상), 제주전문건설회관(2006, 제주특별자치도 건축문화대상 본상), 진광교회(2006, 인천시 건축대상 우수상), SK부산항화물차휴게소(2008, 부산광역시장 표창장), 대연성결교회(2008, 부산다운건축상 은상), 선벽원(2013, 한국건축베스트7, 서울시건축상최우수상, 한국리모델링대상 우수상), 숭인교회, 동다주택 등의 대표작을 내었다. [현상설계] 구미동 업무시설(2007 당선), 경북궁서측 지구단위계획(2008 당선), 과천추사박물관(2009 당선), 내곡지구 공동주택용지 아파트 현상설계(2010 당선)이있으며 아울러 마을가꾸기, 공공디자인 등의 활동과 건축기본법, 건축사법, 건축교육 인증원, 건축사등록원 등의 법·제도 관련 활동, 농림부 삶의질 평가위원, 서울시지명특별경관설계자, 문광부 문화역사마을가꾸기, 대구 동성로 공공디자인 추진위원, 새건축사협의회 활동 등 사회·공공적분야에서 많은 관심과 노력을 기울이고 있다.

PROJECT LIST

01 가나안교회 · CANAAN CHURCH … 168

02 숭인교회 · SUNGIN CHURCH … 180

03 가와사키교회 · GAWASAKI CHURCH … 196

04 서진교회 · SEOJIN CHURCH … 208

05 열린하늘문교회 · OPEN GATE CHURCH … 212

CANAAN CHURCH

가나안교회

서울시립대학교 이충기 + (주)한메건축

위치 : 경기도 성남시 분당구 구미동 207번지
대지면적 : 1,4020.2㎡
건축면적 : 839.35㎡
연면적 : 3,687.41㎡
건폐율 : 59.86%
용적률 : 194.44%
규모 : 지하2층 지상4층
구조 : 철근콘크리트조+철골조
외부마감 : 노출콘크리트, 골강판위 불소수지코팅, Thk16컬러복층유리

대지는 거대도시 서울의 BED TOWN 역할을 하고 있는 대규모 아파트 도시인 분당의 남쪽 끝이다. 북동쪽의 학교와 공원을 제외하고는 모두 거대한 아파트 단지로 둘러 싸여 있고, 공원과 연결되는 측면도로가 남서쪽 아파트 단지 사이의 보행도로로 탄천까지 연결되어 강한 시각적 축을 형성하고 있다. 가나안 교회는 이 축을 고려하여 동선을 배치 하고 프로그램을 계획하였다. 교인들의 소규모 그룹의 교제와 아파트 주민 및 인근 학교의 학부모들의 회합을 위해 제공되는 여러 개의 소그룹실, 유치원, 그리고 공원과 인접하여 계획된 레스토랑, 그리고 주차공간을 겸한 농구장들이 주변의 이웃을 위한 특징적 프로그램으로 제공된다.

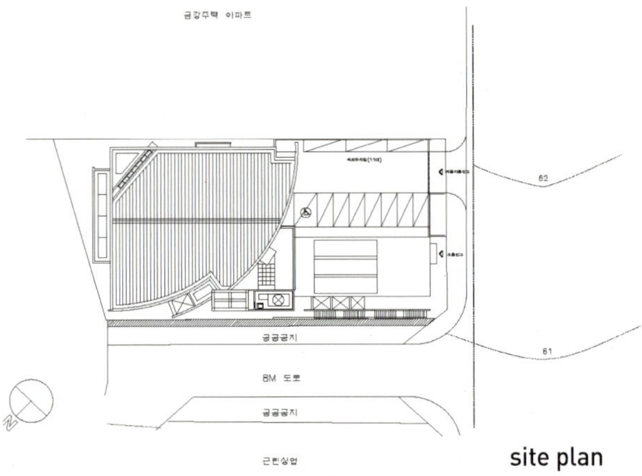

site plan

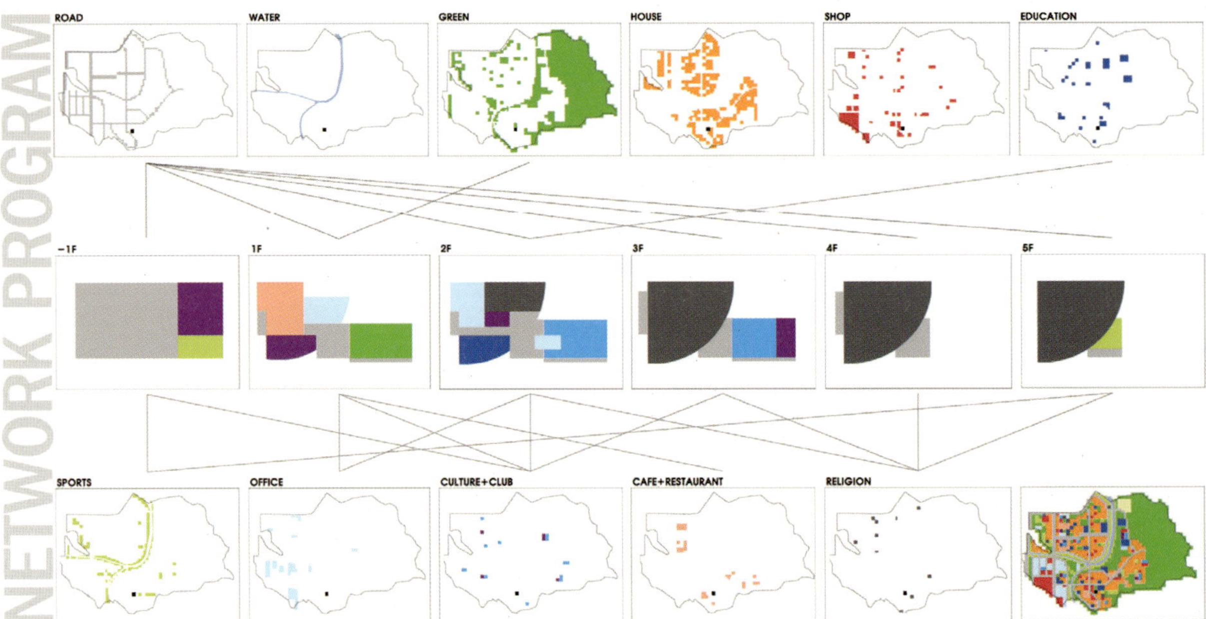

모세가 이스라엘 민족을 이끌고 홍해를 건너는 출애굽을한 이후 광야에서 보내는 40여년의 기간을 고난과 영광에 빗대어 신앙생활의 그림자라고들 말한다. 수백만의 사람들과 가축들이 이동하다 수천개의 천막 진을 치고 하루 밤을 묵게 되면 거대한 4각형의 모양을 이루게 된다. 12지파 중 3지파씩 동서남북을 담당하고 진 중앙에 역시 천막으로 된 이른 바 성막(tabernacle)을 위치 시킨다. 이성막은 그들 믿음의 중심이자 하나님의 집이요, 이동하는 성전이었다. 성막은 천으로 된 폭 25m 깊이 50m의 울타리로, 깊이의 반은 과정과 진입의 공간이고 반은 성소와 지성소가 놓이는 목적 공간이다. 가나안 교회는 이 성막의 개념을 분할하고 의동한 것이다.

가나안교회는 많은 비중이 모임을 위한 동선, 즉 길에 할애되고 있고 이것은 열린 교회를 지향하는 이 교회의 상징적 이미지로 부각된다. 교회의 모임은 요일과 시간별로 집중되어 있다. 다시 말하면 집중적인 모임과 흩어짐, 이동에 대한 고려는 본당이 상층부에 위치한 도시교회의 가장 큰 요구사항이라 할 수 있다. 이를 위하여 길과 동선을 다양하게 전개하였다.

가나안 교회의 보이는 길에는 여러 사건들이 잠재해 있다. 순간적으로 이루어졌다가 사라지는 여러 사건들을 위해 단순한 동선의 기능을 초월하는 여유와 장치들을 한 것이다. 그 공간에서 절대자를 향한 기도, 집회, 친구 혹은 선생님과의 만남, 그들 사이의 대화, 사색, 개구부로의 조망, 빛 그리고 상상할 수 없는 또 다른 일들, 공간에서 존재하는 이런 일상적 사건, 이미지, 시뮬라크르(Simulacre)는 판과 벽에 의해 형성되는 보이는 공간과 형태의 의미를 넘어서는 것이다.

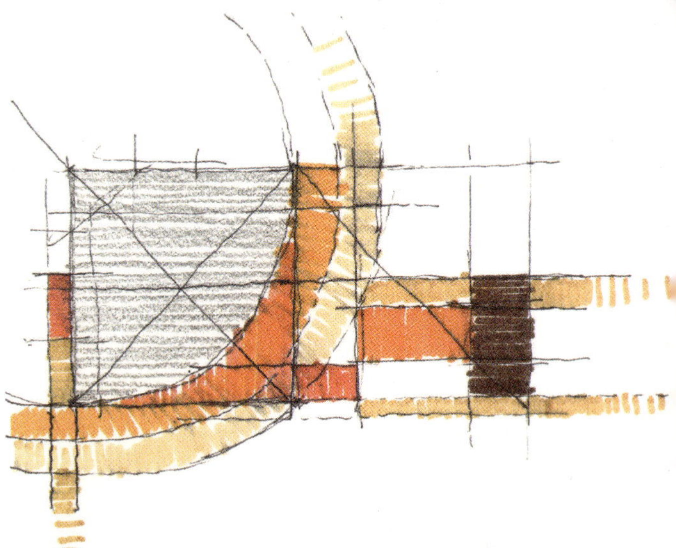

건축가의 손을 떠나 이제 현실로 존재하는 공간에서 사람들이 느끼고 체험하는 것, 그리고 그들에 의해 그 속에서 순간적으로 일어났다 사라지는 모든 사건, 시뮬라크르(Simulacre)는 가나안 교회의 건축공간을 구성하는 또 하나의 중요한 요소이다.

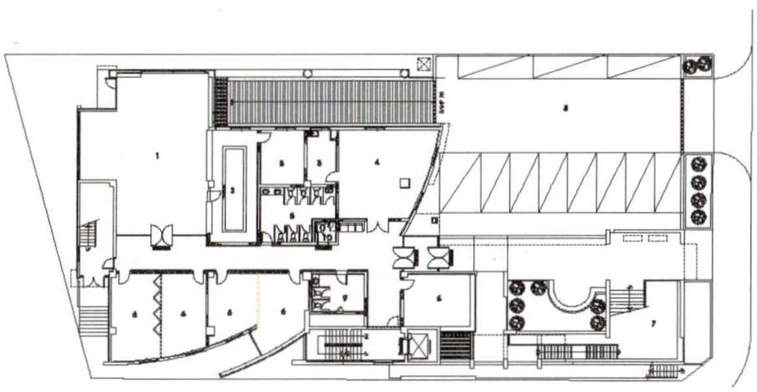

1st floor plan

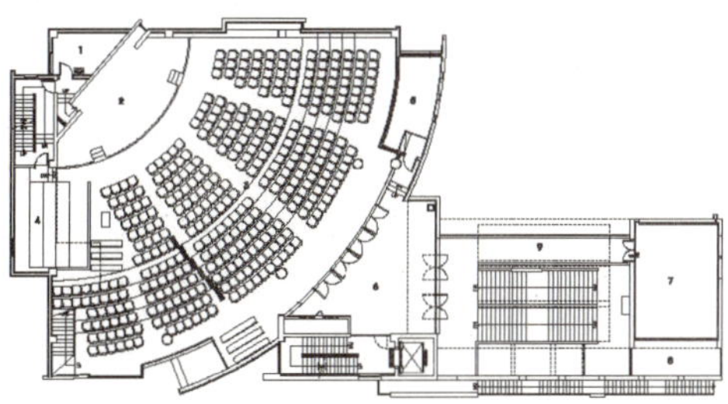

3rd floor plan

경축
이젠스쿨
중앙태권도

507

SOONGIN CHURCH

숭인교회

서울시립대학교 이충기 + (주)한메건축

위치 : 서울시 숭인동 20-164외
용도 : 종교시설
대지면적 : 1,174.70㎡
건축면적 : 703.69㎡
연면적 : 3,457.65㎡
건폐율 : 59.90%
규모 : 지하2층, 지상4층
구조 : 철근 콘크리트조+철골트러스조(지붕)
외부마감 : 노출콘크리트, Thk30 화강석 버너구이, Thk0.7 라인징크, Thk24 컬러복층유리

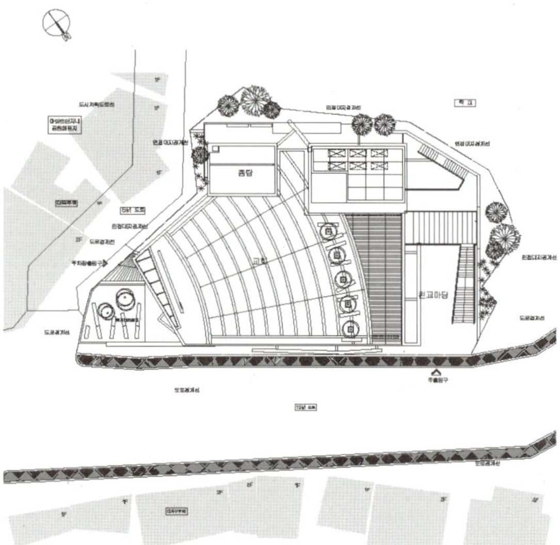

site plan

숭인교회

숭인교회는 장소, 모양, 높이 등 여러 면에서 아주 독특한 대지에 자리 잡고 있다. 서울의 오래된 동네들이 한눈에 내려다보이는 낙산의 동쪽자락으로, 청계천과 종로를 교차하며 남북으로 뻗은 도로의 동망봉 터널 위에 위치한다. 이곳이 오랜 주거지였음을 나타내듯 땅 모야은 불규칙한 선들로 이루어진 특이한 형태이며 남북의 대지레벨이 6.5m정도 차이나는 경사지이다. 지명현상을 통해 설계를 시작할 때만해도 대지 주변에는 오래된 산동네가 풍기는 다양한 삶의 냄새를 맡을 수 있었으며, 소규모 주거들이 재미있는 골목길을 구성하고 있었다. 그러나 아파트 재개발지구로 지정된 북쪽과 남쪽은 교회가 완공될 시기를 전후해 고층아파트가 들어설 예저이었다. 따라서 대지레벨이나 땅모양을 극복하는 것이 주된 해결과제였을 뿐 아담하게 자리했던 기존 교회와 주변경관에 대한 고려는 중요하지 않다고 판단 했다. 고층하파트가 들어서면 새로 지어질 교회의 높이는 아파트 숲에 묻혀버릴 것으로 예상했기 때문이다.

교회의 프로그램은 예배관련 기능 외에 교회 옆이 초등학교인 점을 고려하여 유치원과 공부방을 두었다. 그리고 외부인들로 차를 마시고 인터넷을 하명 피아노도 칠 수 있는 카페를 1층에 두었고, 4층에는 교인들이 이용할 수 있는 다목적 스카이 카페를 두어 좋은 전망과 함께 탁구, 당구 및 전시공간으로도 활용할 수 있도록 했다.

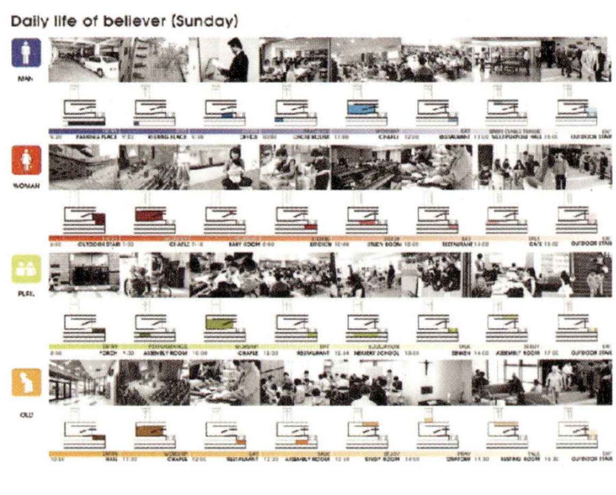

그리고 주변보다 높이 위치한 대지의 특성을 살려 옥의 휴게공간을 지하, 1층, 2층, 옥상에 배치하여 주변경관을 조망하여 쉴 수 있도록 계획하였다.

숭인교회는 본당을 중심으로 대지 형태를 따라 계획하였다. 6.5m의 레벨차를 반지하 2개 층으로 해결하고 지상2층에 본당을 배치하고, 본당으로 바로 진입할 수 있는 외부 계단을 두었다. 비교적 닫힌 북쪽의 입면과 달리 남쪽으로는 왼쪽의 동망봉 주변의 밀집주거, 남쪽의 창산역, 종로의 동묘앞, 청계천, 학교운동장을 조망 할 수 있도록 커튼월로 계획했다.

북동쪽 외관은 남서쪽의 커튼월을 경계로 노출콘크리트 외벽이 대지경계를 따라 감아 올라가는 형태를 취하였는데, 이는 교회로 진입할 때 형성되는 느낌을 경사대지의 레벨을 따라 휘감아 올라가는 형태로 반영한 것이다.

교인들의 입장에서 새 교회는 새로 들어선 아파트만큼이나 설렘을 동반하겠지만 시설의 편리함은 장소에 대한 기억을 빨리 지워버릴 것이다. 그러나 변화의 중심에 있는 땅을 과거와 현재, 미래를 생각하며 계획하는 것은 쉬운 일은 아니었고, 아파트가 다 들어설 수년 후에 다시 한번 나의 고민이 불필요한 것이었음을 확인하게 될지 모르겠다.

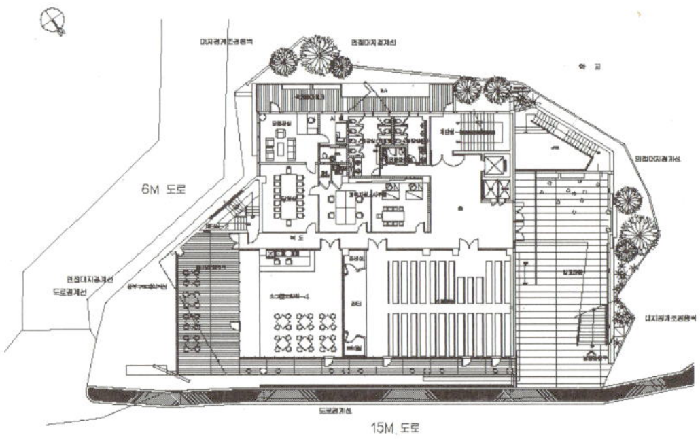

1st floor plan

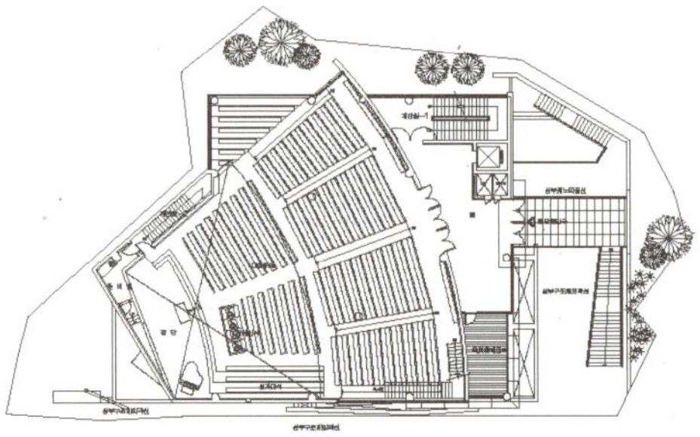
2nd floor plan

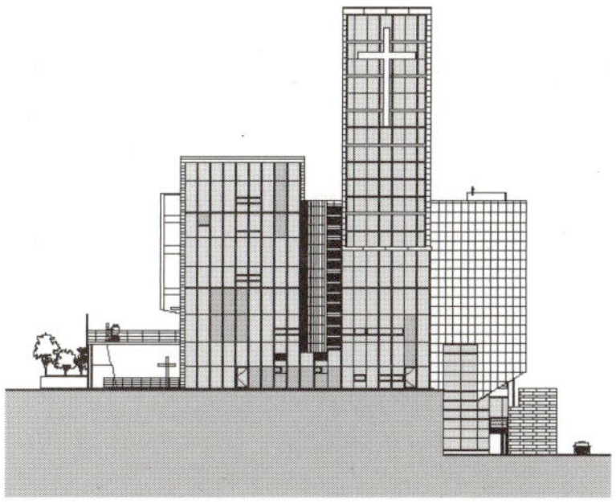

south side elevation

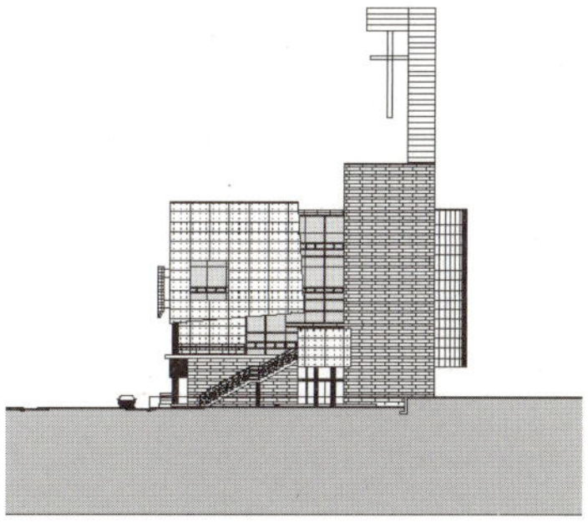

west side elevation

숭인교회
안 전 제 일

숭인교회

GAWASAKI CHURCH

가와사키 교회

서울시립대학교 이충기 + (주)한메건축

위치 : 일본 가와사키시 가와사키구 동전정 4-4
용도 : 종교시설
대지면적 : 498.47㎡
건축면적 : 333.54㎡
연면적 : 1,170.25㎡
건폐율 : 68.27%
용적률 : 239.53%
규모 : 지상 7층
구조 : 철근콘크리트구조
외부마감 : 노출콘크리트, Thk0.7금속판넬, Thk24컬러복층유리

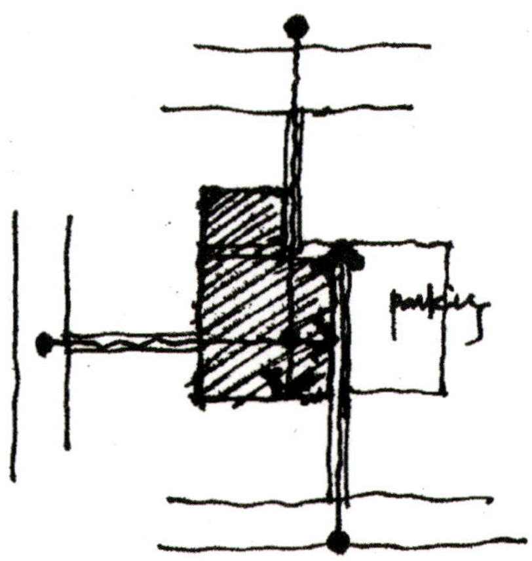

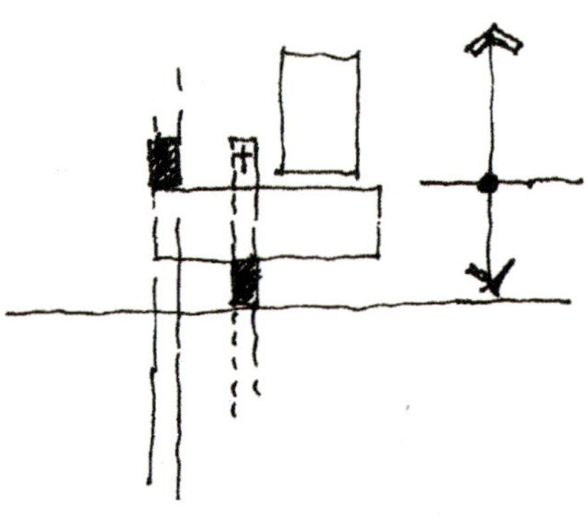

かわしん
toyoko-inn.com
東横イン

대지 VS 길

대지는 일본의 도쿄와 요코하마 사이의 가와사키시의 중심부에 위치한 상업지역에 위치하고 있다. 북쪽으로는 가와사키 제3청사, 남쪽으로는 작은 신사를 가진 도시공원이 있고, 8m 도로변으로 일본특유의 좁고 고층 건물이 들어선 안쪽의 남은 블록 중간에 있는 대지였다. 3m, 2m 정도의 좁은 골목이 3곳에서 연결되는 매우 인상적인 이 대지에서 골목사이로 보이게 될 교회의 입면과 세 골목을 연결할 1층 공간이 그려진 것은 그리 어려운 일이 아니었다.

교회 VS 교회

잡신을 섬기는 일본인들은 교회를 거의 다니지 않기 때문에 교회건물은 임대예식장으로 많이 사용될 정도로 예배당 중심의 교회가 대부분이라 할 수 있다. 반면에 우리나라의 교회는 교육공간과 교제공간, 생활공간을 필요로 한다. 그래서 나는 가와사키 쇼타이그리스도교회를 한국교회의 형식으로 제안하였다. 상업지역의 좁은 땅에 1층공간은 통로와 필로티, 2층, 3층 본당으로 전체 대지를 덮고 4층은 테라스마당을 낀 식당 5, 6, 7층은 교육관과 모임실 8층은 사택으로 계획하였다. 1, 2, 3층을 저층부로 4, 5, 6, 7, 8층을 고층부로 하여 상업지역에 맞게 층수를 올렸던 것이다. 그러나 나중에 안 일이었지만 일본 건축가들은 거의 대부분 4층 이하로 계획하였었다. 일본의 교회가 모두 1, 2층의 저층교회였기 때문에 그 한계를 못 벗어났기 때문이었으며 그 차이로 교회 건축위원회가 우리 작품을 선택한 것이라 생각되었다.

한국 VS 일본

교회본당 내부의 의자를 한국산으로 정하여 한국에서 수입해 가도록 했으며, 강대상을 직접 디자인하여 한국에서 제작하였다. 김포에서 하네다까지 비행기로 2시간 다시 지하철로 1시간 모두 3시간이면 충분한 가까운 거리, 부산보다 더 쉽게 갈 수 있는 거리였지만 2년여의 기나긴 설계기관과 시공과정에서의 잦은 출장과정에서 가끔씩 국가 VS 국가라는 대결심리가 작동되었다. 진심으로 열심히 일하던 그들과 비교되어 한국 사람이기 때문에 어떻다는 얘기를 들을 수 있다는 생각 때문이었다.

ホテルサンルート

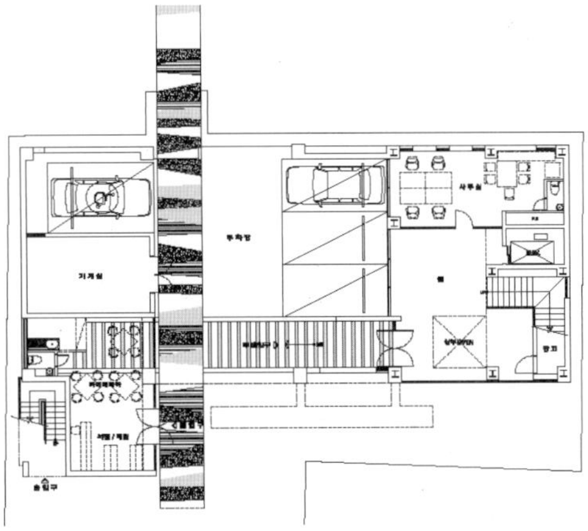

1st floor plan

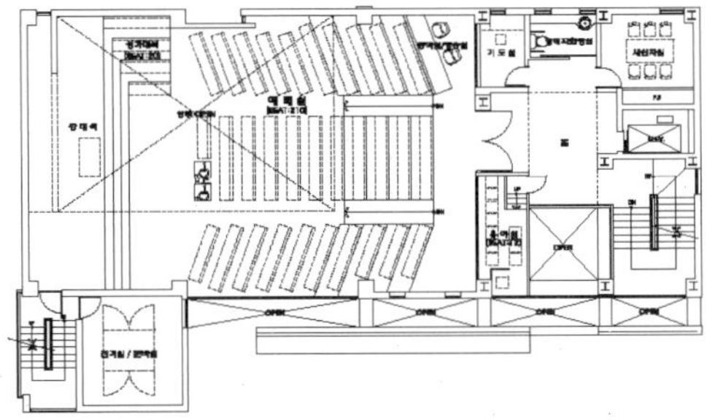

2nd floor plan

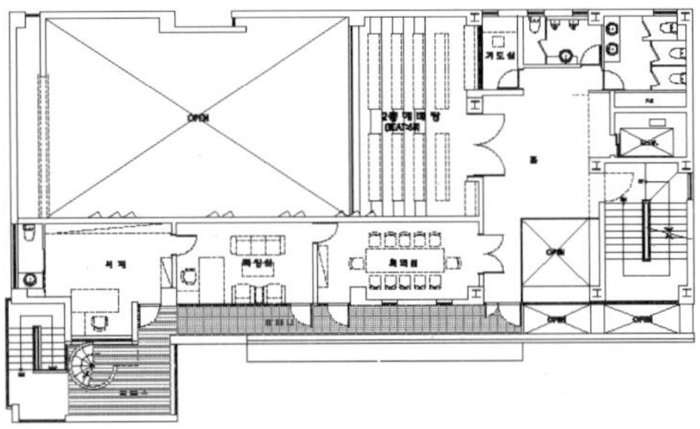

3rd floor plan

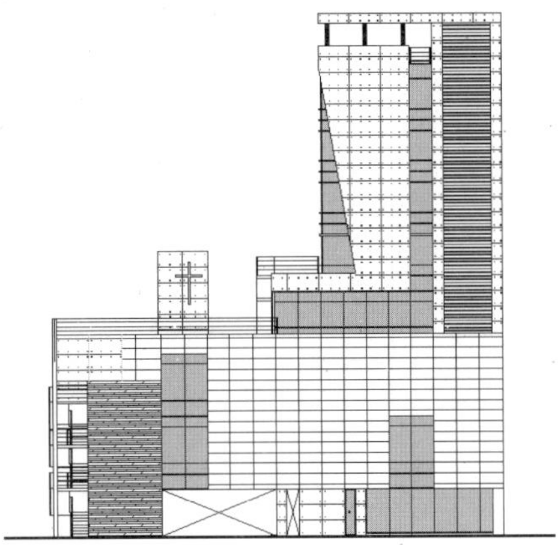

front elevation

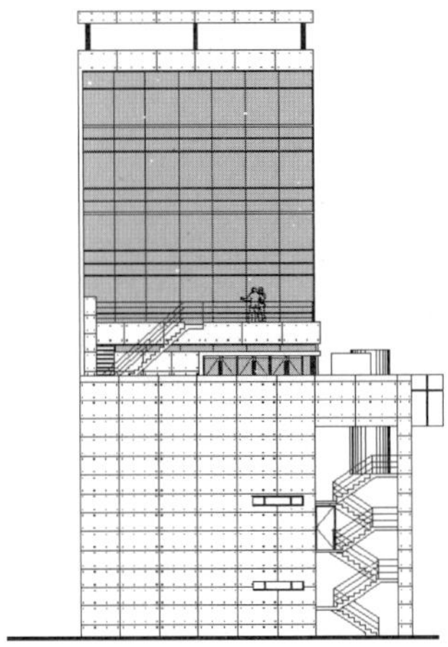

left side elevation

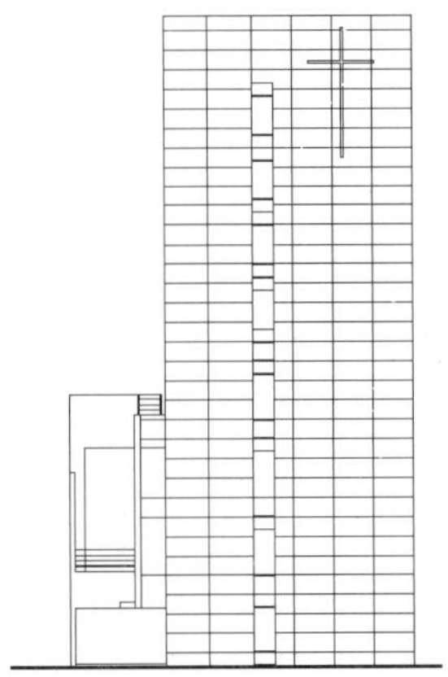

right side elevation

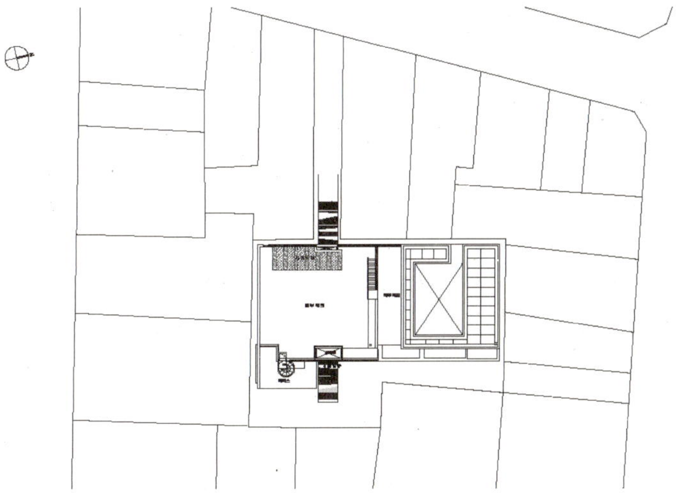

site plan

SEOJIN CHURCH

서진교회

서울시립대학교 이충기 + (주)한메건축

위치 : 서울특별시 마포구 상암동
용도 : 종교시설
대지면적 : 705.00㎡
건축면적 : 352.07㎡
연면적 : 1,778.44㎡
규모 : 지하 2층, 지상 4층

대한예수교 장로회 서진교회
대한예수교 장로회 서진교회

서진교회

서진교회

OPEN GATE CHURCH

열린하늘문교회

서울시립대학교 이충기 + (주)한메건축

위치 : 경기도 성남시 분당구
용도 : 종교시설
대지면적 : 843.90㎡
건축면적 : 420.10㎡
연면적 : 3,249.11㎡
규모 : 지하 3층, 지상 6층

열린하늘문교회
성현교회
성현교회
환영합니다

열린하늘문교회

06

이용우

칸·도시건축사사무소
ARCHITECT GROUP CAAN

IMAGINE YOUR DREAM !

하나님의 나라를 이 땅 위에 세우는 일 그것이 교회건축입니다.
가장 작은 일에도 최선을 다하는 모습을 하나님께서는 기뻐하십니다. 시대를 넘어 영원히 하나님과 함께하는 교회. CAAN은 교회의 규모에 상관없이 하나님께서 기뻐 받으실 그런 교회를 건축하고자 합니다.

칸(CAAN)은 순 우리말로 한 사람이 누울 수 있는 공간의 최소단위 입니다. 한 칸, 두 칸, 초가 삼 칸, 아흔아홉 칸 등과 같이 집의 규모를 나타내는 단위이기도 합니다. 한자로는 간(間)이라고 씁니다. 공간의 기본단위로서 작지만 무한히 변화하고 확장하는 가능성을 지니고 있습니다. 이는 우리가 추구하는 건축의 본 모습이기도 합니다. 개인의 공간에서 도시공간 까지가 우리의 작업 영역입니다.

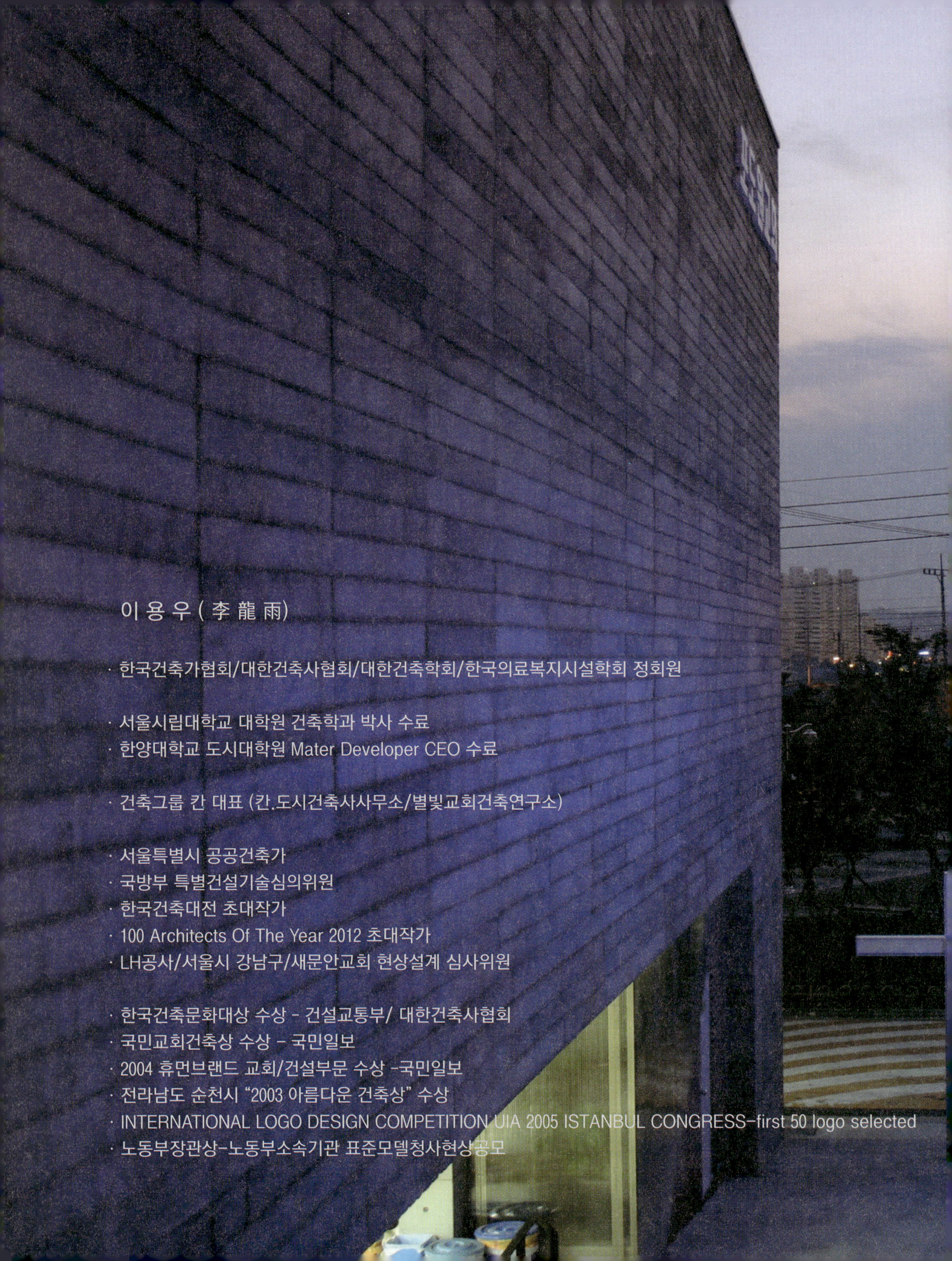

이 용 우 (李 龍 雨)

· 한국건축가협회/대한건축사협회/대한건축학회/한국의료복지시설학회 정회원

· 서울시립대학교 대학원 건축학과 박사 수료
· 한양대학교 도시대학원 Mater Developer CEO 수료

· 건축그룹 칸 대표 (칸.도시건축사사무소/별빛교회건축연구소)

· 서울특별시 공공건축가
· 국방부 특별건설기술심의위원
· 한국건축대전 초대작가
· 100 Architects Of The Year 2012 초대작가
· LH공사/서울시 강남구/새문안교회 현상설계 심사위원

· 한국건축문화대상 수상 - 건설교통부/ 대한건축사협회
· 국민교회건축상 수상 - 국민일보
· 2004 휴먼브랜드 교회/건설부문 수상 -국민일보
· 전라남도 순천시 "2003 아름다운 건축상" 수상
· INTERNATIONAL LOGO DESIGN COMPETITION UIA 2005 ISTANBUL CONGRESS-first 50 logo selected
· 노동부장관상-노동부소속기관 표준모델청사현상공모

LEE, YONG-WOO

이용우 | 칸·도시건축사사무소

남서울교회

목차

· 남서울교회

· 대구 포도원교회

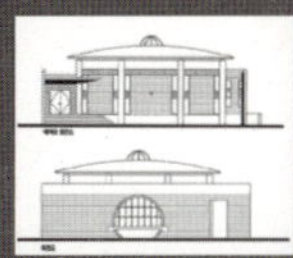

· 충주 삼탄교회

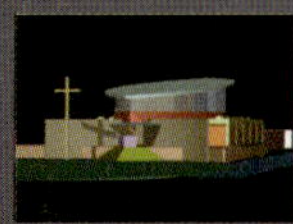

· 안동 광덕교회

· 미스바 기도원교회

· 교회건축모음

칸·都市建築士事務所 ARCHITECT GROUP CAAN

서울특별시 서초구 반포동 549-26 Y'S 빌딩 301호

www.caan.co.kr | caanar@gmail.com | TEL:02-599-4022

남서울교회

주소 : 서울특별시 영등포구 신길동 4003
지역 : 제2종 일반주거지역
지구 : 일반미관지구
대지면적 : 3,470㎡ (1,049.67평)
건축면적 : 1,874㎡
연면적 : 12,798.31㎡ (3,871.47평 / 1,700석)
건폐율 : 54.01%
용적률 : 199.84%
규모 : 지상 7층, 지하 2층
주용도 : 종교시설(교회)
구조형식 : 철골철근콘크리트구조
외부마감 : 노출콘크리트, 커튼월
내부마감 : VP, 음향판
주차 : 실내 88대,실외 13대
준공일자 : 2010.3.29

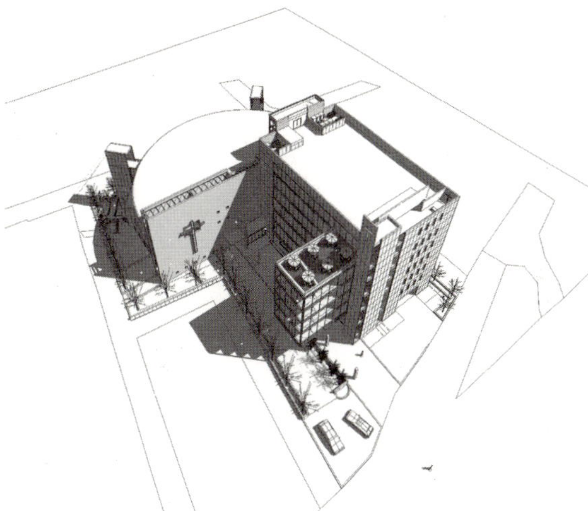

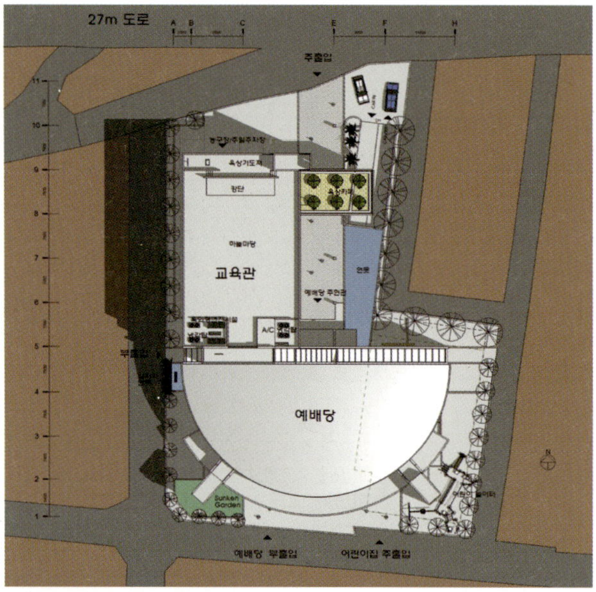
27m 도로
주출입
강단
하늘마당
교육관
예배당 주현관
연못
부출입
예배당
Sunken Garden
예배당 부출입
어린이집 주출입

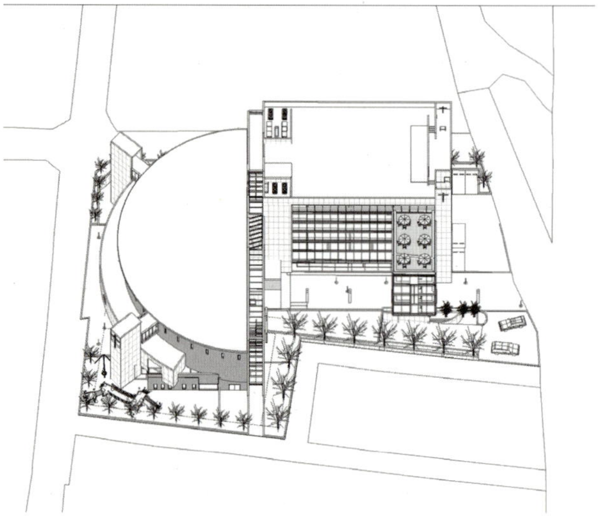

남서울교회

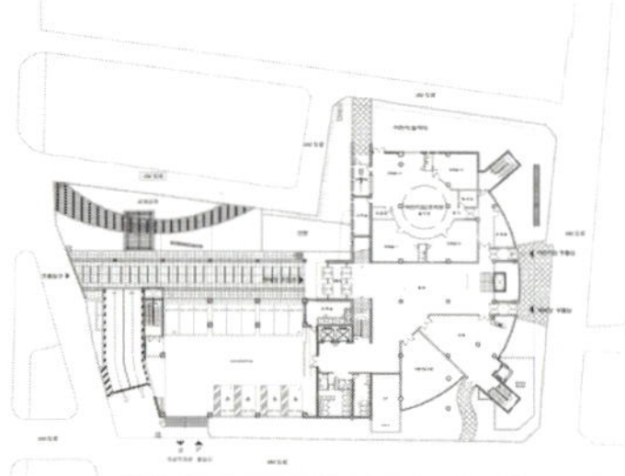

1층 평면도

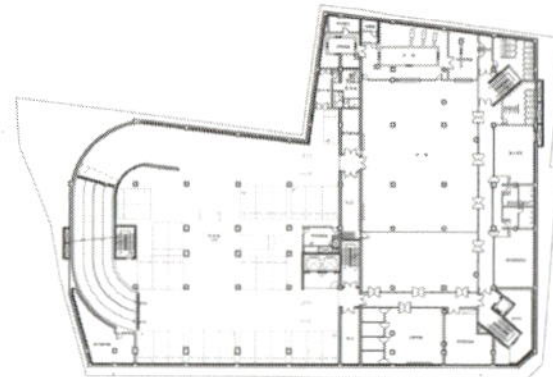

지하1층 평면도

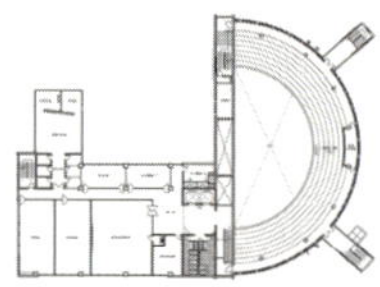

4층 평면도

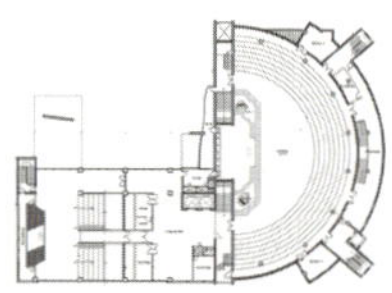

2층 평면도

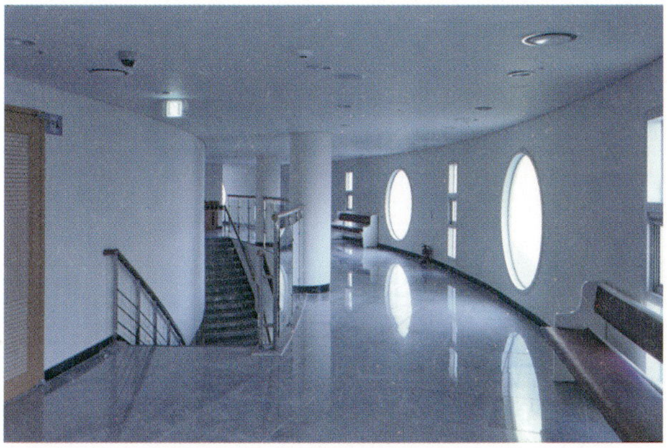

영등포구 신길동 구시가지의 무질서한 주택가에 위치한 교회이다. 대지의 북측이 36m도로에 접해있어 이곳이 주접근로가 된다. 북쪽을 제외한 3면은 주변주택가와의 사이에 6m도로를 경계로 하고 있으나 골목주차로 인해 매우 혼잡한 환경이다.

현상설계안을 만들면서 주변의 낮은 주택가와 북측도로변의 소음과 무질서함을 신중히 고려하였다. 그 결과 대형공간(1800석)을 요구하는 예배당과 각종 교육공간 그리고 친교공간을 입체적으로 분리하는 계획을 하였다. 즉 남측에 예배공간을 중심으로 낮은 공간을, 북측으로는 교육을 중심으로 하는 고층부를 배치하였다. 남측의 주택가의 높이와 시각적으로 거부감이 없도록 스카이라인을 설정하였고 또한 교육부서와 함께 북측에서 안마당을 감싸 안을 수 있도록 목양실을 포함한 관리동을 배치하였다. 이로써 아늑한 안마당이 조성되어 북측공개공지로 조성된 공원과 함께 예배당의 주접근로를 상징화 할 수 있었다. 1층은 필로티로 하여 시각적인 개방감을 주며 옥외주차장과 함께 필요시 운동공간으로 쓰일 수 있도록 계획하였다. 관리동 하부는 필로티로 개방되어 있어서 담장이 없는 교회의 대문과 같은 역할을 한다. 이는 천국의 대문을 지나 줄지어선 콘크리트 기둥위에서 은은하게 빛나는 진리의 등불이 밝혀주는 구원의 길을 따라 하나님의 나라로 들어가는 구도의 여정을 표현하는 것이다. 맑고 잔잔한 연못을 옆으로 하고 홀에 들어서며는 예배당으로 오르는 길이 좌우와 전면에 놓여 있어서 십자가형상으로 길을 인도한다. 이 길은 흩어졌다가 모이는 디아스포라의 길이다. 들어온 길은 달라도 한 공간에서 예배를 드리며 나가는 길은 달라도 다시금 한마음으로 모일 수 있게 하는 상징적인 공간이다.

예배당은 반원형상으로 예수님의 산상수훈이 있었던 비탈진 언덕을 유추 하였다. 이는 많은 이들이 동시에 예배를 드리면서도 친밀감을 느끼도록 하고, 보는 예배가 아닌 참여하는 예배가 가능하도록 강단에서 20m이내에 좌석을 배치하기 위함이었다.

화려하지 않으며 이웃과 함께할 수 있는 친근한 교회가 되기를 원했다. 준공 후 공원과 1층의 카페에서 믿지 않는 이웃들과 함께하는 모습을 심심치 않게 볼 수 있어서 계획했던 개념들이 가시화되어 가고 있음을 느낀다.

2010.6.

이용우 記

작품명 / 대한 예수교 장로회 포도원교회 (Podowon Presbyterian Church) | 대지위치 / 대구광역시 북구 학정동 949-3번지 | 지역.지구 / 일반주거지역 | 주요용도 / 문화 및 집회시
건폐율 : 46.55% | 용적율 / 88.94% | 주차대수 / 6대 | 규모 : 지상4층 | 구조 / 철근콘크리트조, SISMO WALL SYSTEM | 내부마감 / 바닥-대리석, 베이스판넬, 노출콘크리트 / 벽:
SISMO 콘크리트, 적벽돌치장쌓기, 모르터위 수성페인트 | 공사기간 / 2003년 10월~2004년 12월

| 대지면적 / 796.70㎡(241py) | 건축면적 / 370.88㎡(112.19py) | 연면적 / 708.62㎡(214.36py) | 조경면적 / 61.48㎡ |
위 비닐페인트뿜칠, 시멘트스프레이 뿜칠 SISMO 노출콘크리트 / 천장: 경량철골천정틀위 암면흡음천정판 | 외부마감 /

포도원 교회

대지는 대구광역시 북동쪽의 신도시인 칠곡 택지지구의 한켠에 위치하고 있다. 대지의 동편에는 낮은 산자락과 고속화도로가 지나가고 있으며 서측으로는 어린이공원이 있다. 주변에는 슬레이트 지붕을 이고 있는 전형적인 농촌의 촌락이 좁은 길을 사이에 두고 접해있는 곳으로 남측으로는 고층아파트군이 형성되어있는 반면에 이곳은 3층 규모의 근린 생활시설이 들어서는 곳이다. 이미 세워져있는 몇 개의 건물에는 십자가가 세워져있고 교회 간판도 큼지막하게 붙어 있다. 건물위에 높다랗게 뾰족탑을 세우고 그 위에 십자가를 세우는 것만으로 교회건축이 완성이 된다면 이 얼마나 서글픈 일인가. 하나님은 어느 곳에서나 실존 하셔서 높고 낮음에 구애받지 않으시며 건물의 좋고 나쁨을 구별하지 않고 사랑을 베푸신다고 무성의함까지 용납하기를 기대 하는 것은 지나친 욕심이리라.
교회건축이 성스러움을 강조하여 성전으로 불리우던 시절이 있었다. 그러나 건축의 시대의 거울이듯이 교회건축도 그 안에 담는 내용이 변화함에 따라 변화를 거듭하여 왔다. 예배형식 등 내적인 변화와 함께 사회의 변화를 수용하기위해서는 외부로부터의 요구를 능동적으로 받아 들여야 했다. 이제는 교회가 단순히 예배드리는 공간뿐만 아니라 지역사회의 중심에서 봉사하는 역할까지 감당해야 하는 것이다. 그러나 변화한다고 해서 본질적인 것 까지 변할 수는 없는 법이다. 근본적인 신앙이 변할 수는 없는 것처럼 교회건축도 변할 수 없는,변해서는 아니 될 그 무엇이 있는 것이다. 그것이 바로 그 건축이 교회건축이 되어지는 이유가 될 것이다.
신의 존재를 느끼고 체험 할 수 있는 곳, 스스로 겸손해지며 회개하고 절대자에게 자신을 의탁하고 싶어지는 곳, 그래서 신의 영광을 절로 찬양하게 되는 곳. 그러기 위해서는 가식의 옷을 벗어 버려야만 했다. 성서에서도 소박하고 순수한 마음으로 드리는 제물을 기뻐 받으신다고 하지 않았던가.
건축주인 교회 측에서는 이곳에 300여명의 신도들이 예배를 드릴 수 있는 예배당과 친교실 그리고 교육관을 구상하고 있었다. 예산관계로 교육관은 추후에 증축키로 하고 계획에 들어갔다. 기존의 예배당에 식상해있던 교회 측에서는 내게 그들만의 교회를 요구하였다.
대지는 정방형에 가까운 사각형으로 남쪽에 동서로 본당을 배치하고 북측에는 평행으로 장래의 교육관을 증축 할 수 있도록 하였다. 십자가 밑을 통과하여 2층의 예배당으로 향하는 작은 마당의 왼편에는 열주가 서있고 그 위에는 등이 달려 있다.

이 열주는 교육관이 세워지기 전까지는 2층 예배당을 오르는 성도들의 길잡이가 되다가 추후에 교육관이 증축 될 때에는 기둥으로 변신 할 것이다. 열주 위의 아크릴로 된 등기구 속에는 교육관의 보와 엮어지기 위한 철근이 그 때를 기다리고 있다. 마당 끝자락에 있는 넓은 계단은 길 위의 십자가를 바라보며 주일학교 어린이들이 걸터앉아 분반공부를 할 수 있도록 하였다. 계단위에 올라 대문을 열고 들어서면 순백의 홀이 세속의 때를 씻어주고 오른쪽 동굴 속의 밝고 투명한 문을 통해 천국의 모습을 보게 된다. 교회는 작은 천국이다. 하나님은 가정과 교회를 통해 지상에서 천국의 모습을 그려볼 수 있도록 하였다. 예배당은 노출콘크리트의 질박함속에 가식 없는 모습으로 꾸며져 있다. 그곳은 밝고 환하다. 예배를 드리는 시간에 맞추어 태양빛은 강단 뒷벽을 밝히며 하얗게 비추다가 강단 바닥에 반사되어 흰 벽을 주황색으로 물들인다. 저녁에는 오른편 투명한 유리창너머의 콘크리트 벽면을 온통 빛으로 씻어 내린다. 아침부터 저녁까지 매시간 그리고 사계절의 변화가 이 예배당의 인테리어이다.

다시 계단을 올라가면 작은 기도실이 있고 문을 열고 밖으로 나서면 작은 십자가 앞에 콘크리트로 된 단이 있다. 이곳은 기도하는 곳이다. 어두운 밤, 십자가 앞에 무릎을 꿇고 기도하는 이에게 하나님만이 함께하는 것을 하늘의 별들이 지켜줄 것이다. 다시 몇 단 의 계단을 돌아 올라가면 옥상이다. 맑은 날 저녁이나 밤에 이곳에서 드리는 야외예배나 친교모임은 성도들에게 주안에서 한 형제 됨을 느끼게 하는 귀한 시간이 될 것이다.

예배를 마치고 돌아가는 길, 예배당을 나와 계단위에 서면 저 아래 낮은 곳에는 세상을 향해 홀로 서있는 십자가를 마주하게 될 것이다. 그것은 '땅 끝까지 이르러 내 증인이 되라'는 주님의 외침이다.

포도원교회

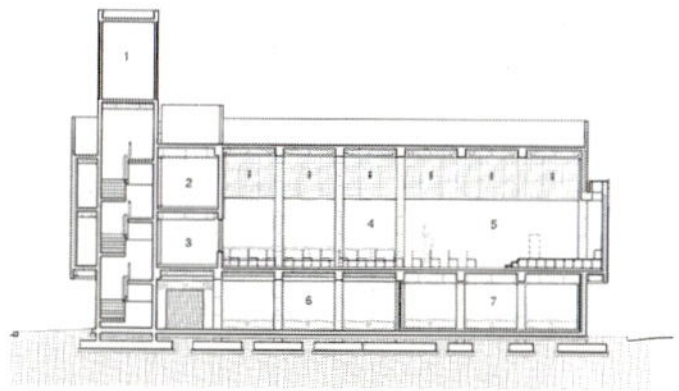

1. 물탱크실 2. 음향조정실 3. 모자실 4. 예배당 5. 성가대석 6. 교제실 7. 소예배실

cross section

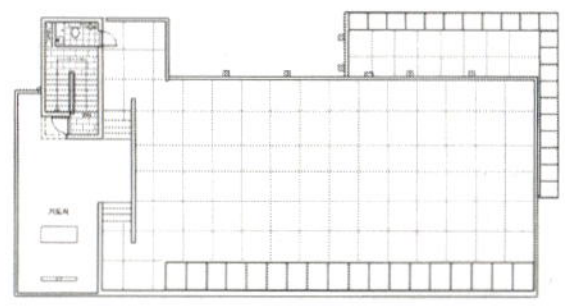

4층 평면도

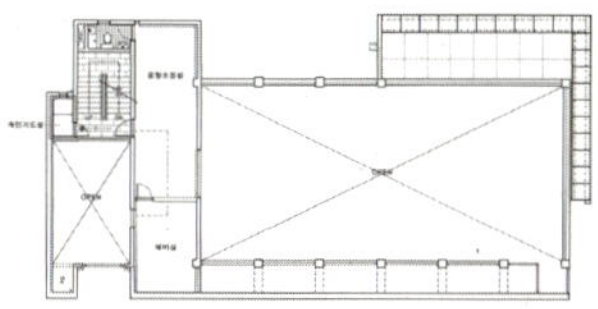

3층 평면도

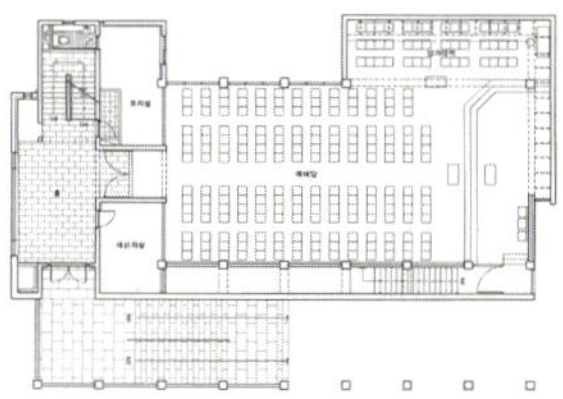

2층 평면도

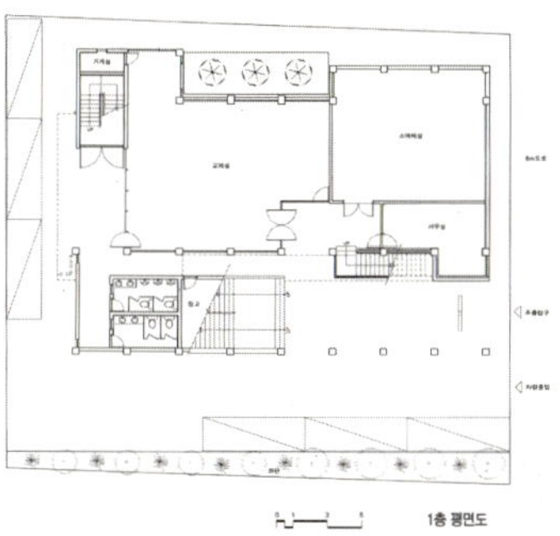

1층 평면도

삼탄교회

천등산 박달재의 한쪽기슭
충주호의 끝자락이 보이는 곳
이곳에 수몰되고 남은 몇 채의 가옥과
충북선 비둘기호가 몇 시간마다 기착하는
조그만 시골역 삼탄이 있다.
역 이름이 암시하듯
충주호로 흘러 들어 가는 물길이
제천에서부터 구비를 틀어
이곳에서 절경을 만들어 내고 있다.
해서 여름 한철은 그나마 적지 않은
유람객들이 모여드는
한적한 시골의 유원지이다.

이곳에 젊은 목사가 부임하여
버려진 교회를 추스리고
흩어진 양떼를 돌보는
헌신적인 목회가 수년간 계속되었다.
마침내
무모하다 할 예배당의 신축계획을 세우고
한 가닥 인연으로 나를 찾아왔다.
함께 현지를 답사하고 듣게된 교회의 현황은
우리나라의 농촌교회의 실상을
적나라하게 보여주고 있었다.
전체교인이 어린이를 포함하여 이십여명
출석교인중 성인은 열손가락을 꼽을 정도...

아! 이곳에 어떻게 교회를 지을 수 있을까?
대충 비바람을 막고 십자가를 세우기에는
도시의 화려함도 마다하고
온 식구가 함께 땅을 파면서 헌신하며 올리는
이 젊은 목사의 기도소리가
내내 가슴속에 울려온다.

그래! 하나님을 향한 순수한 열정을 재료에 담고
아름다운 자연, 소박한 풍광일랑 거슬리지 않도록
소담한 교회를 그리도록 하자.
그리하여 하나님의 음성이 이곳에 넘치도록 하자.
교회 앞 충북선 철길을 달리는
화물열차 승무원들에게는 피안의 등대처럼
한여름의 유람객들에게는
순례하는 마음으로 찾게 되는 그런 교회를 짓자.
철길의 소음은 막아내고
철길건너 풍경은 하나가 되도록 하자.

해서
블록으로 벽을 쌓고 그 벽에
둥그렇게 창을 내고 여덟 개의 기둥 위에
하늘로 열린 지붕을 얹고
팔각형의 예배당을 세웠다.
한 모퉁이를 터 벽을 세우고
뒤에는 기도실, 앞에는 제단으로 삼았다.

일년 여 만에 준공된 새 성전에서
입당예배를 드리던 날
육성으로 진행된 이날 예배에서
천상의 울림처럼 들려오던
찬송소리를
나는
내내 잊지 못할 것 같다.

1996.11.23 李龍雨 記

건축설계 : 칸.도시 건축사사무소

인테리어 : 칸.도시 건축사사무소

구조설계 : S.N.S구조

조경설계 : 칸.도시 건축사사무소

감　　리 : 칸.도시 건축사사무소

설계기간 : 1995. 8 ~ 10

대지위치 : 충북 충주시 산척면 명서리 489번지

용　　도 : 종교시설

지역·지구 : 준농림지역

대지면적 : 1,498.10㎡

건축면적 : 279.72㎡

연 면 적 : 273.88㎡

건 폐 율 : 18.67%

용 적 률 : 18.28%

규　　모 : 지상1층

최고높이 : 7.80m

구　　조 : 철근콘크리트조

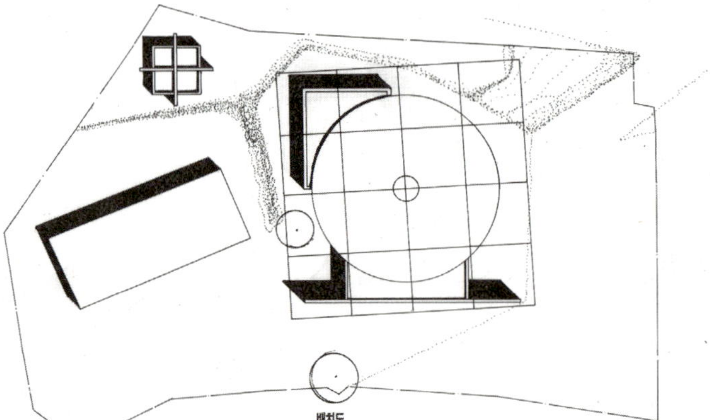

배치도

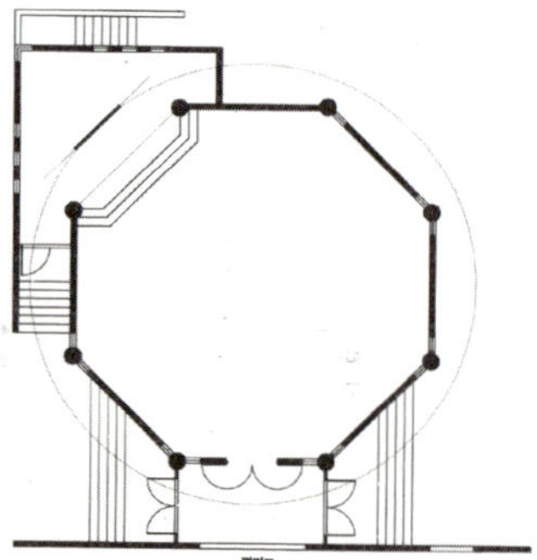

평면도

설계 : 칸.도시건축사사무소 (건축/구조/설비/전기/인테리어) | 시공 :신안건설 | 대지위치 : 안동시 풍천면 광덕리 140-38 | 지역 /지구 : 준 농림 지역 | 콘크리트조 | 내부마감 : 점토벽돌 / 드라이 비트 | 외부마감 : 점토벽돌 + 유리블럭 | 설계담당 : 김기열 | 사진: 이기환

광덕교회

적 : 3,773.00㎡ | 건축면적 : 310.05㎡ | 연 면 적 : 343.61㎡ | 조경면적 : 366.09㎡ | 건 폐 율 : 8.22% | 용 적 률 : 9.11% | 규 모 : 지상 2층 | 구조 : 철근

전통의 고장 안동의 하회마을이 내려다보이는 부용대 절벽 뒤편 소나무숲이 울창한 곳에 광덕교회가 있다. 새로운 성전을 짓기위해 건축위원회가 구성되고 건축위원인 장로들과 목사의 교회건축 순례가 시작되었다고 한다. 여러곳의 교회를 돌아보던중에 충주삼탄교회에서 가장 감동을 받았다며 내게 설계를 의뢰해 왔다.

준비된 2000여평의 넓은 터에는 소박하지만 정성이 담겨있음을 엿보게 하는 조경수들과 잔디가 보기좋게 자라고 있었다. 사택과 기존의 낡은 예배당 그리고 몇채의 부속건물이 무질서 하게 늘어서 있었다. 이참에 부속건물들은 철거할 예정이라고 했다. 부지를 돌아보고 교회측 관계자들과 하회마을을 방문하였다. 십수년만에 다시 찾은 하회는 관광지내지는 유원지로 전락한듯한 모습이 여러 가지 실망을 안겨주었다.

이곳 사람들의 지역적 자부심과 보수성 속에 개신교는 어떻게 조화되고 있는가? 안동,하회라는 지역적 이미지와 교회의 이미지는 무엇인가? 이것은 곧 전통이라는 화두를 제기하게 되고 많은 날들을 고민하게 만들었다.성탄축하 예배를 드리던 날 성가대석에서 찬송과 함께 계시처럼 떠오른 생각들을 정리하여 설계가 진행되었다.

하회(河回) 즉 물돌이동은 이곳을 감싸고 흐르는 낙동강의 물굽이에서 유래되었다고 한다. "낙동강이 굽이치며 태극의 형상을 만들고 그 한 핵이 하회라면 그 반대편 핵에는 이 교회가 위치할 광덕이라는 마을이 있다."는 김장로님의 설명에는 시사하는 바가 많이 있었다. 전통과 보수로 대변되는 하회와는 대비되는 강건너에 위치한 광덕은 개혁과 혁신의 기독교적 전통으로 새롭게되는 마을이라는것...

교회의 상징성과 전통의 조화라는 문제를 형태와 공간으로 풀어 보았다.즉 기단위에 서있는 한옥의 당당한 모습 처럼 보이도록 성경속의 노아의 방주가 아라랏산에 기착한 모습으로 형태가 이루어 졌다. 평면은 초대교회의 예수그리스도의 상징으로 여겼던 물고기형상에서 유추하고, 전원교회의 특성을 고려하여 공간의 확장이 가능하도록 양측면에 십계명을 상징하는 열개의 방으로 구성된 회랑을 배치하였다. 그곳에 전통주택의 분합문을 설치하여 가변적인 예배공간이 되도록 하였다. 주예배공간은 한옥에서의 대청이나 마당에 대응한다. 대청이나 마당은 전통건축에서 각종 행사의 중심이 되는 공간이다. 내부이면서 외부와 같은 공간을 만들기위해 한옥의 가구식 구조의 고주와 퇴주를 활용하여 중앙부의 주예배공간은 높이 올리고 벽면에 유리블록을 사용하여 충분한 빛이 비추이도록 하였다. 빛은 곧 하나님의 은총이고 사랑이다. 유리블록을 통해 환한 낮에는 빛을 받아들이고 어둠이 깃들면은 무거운 지붕을 들어올리고 세상을 향해 그 빛을 발산하는 것은 이시대의 참된 그리스도인의 모습과 같다고 할 것이다.

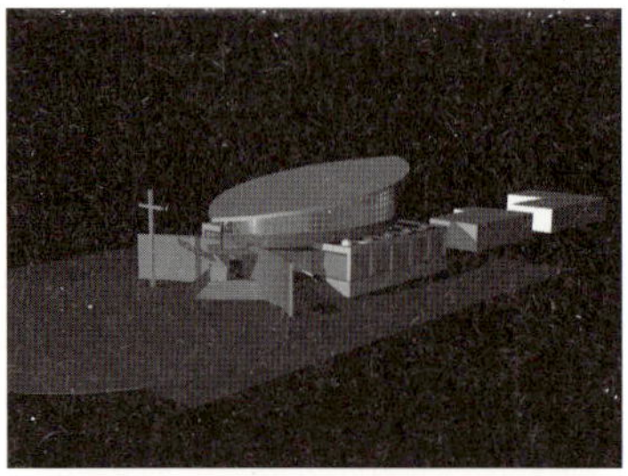

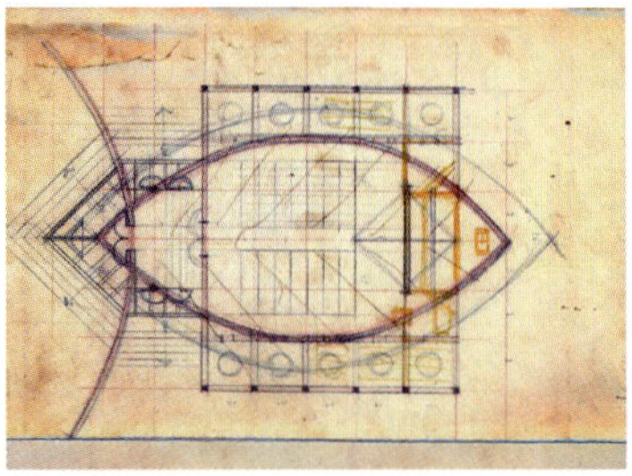

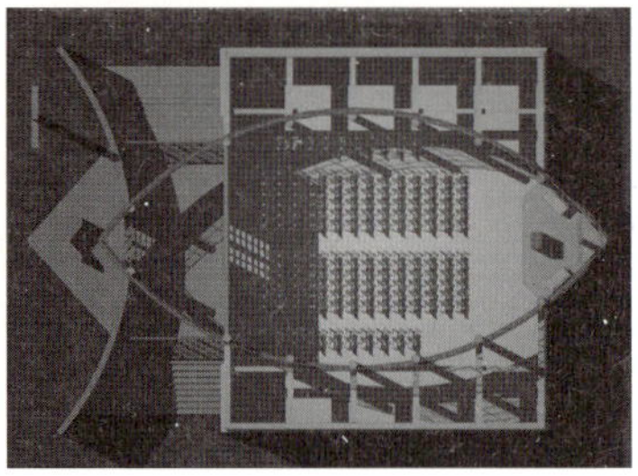

미스바기도원교회

대지위치 : 경기도 양평군 서종면 문호리 | 지역·지구 : 농림, 준농림, 보전임지지역 | 주요용도 : 종교시설 | 대지면적 : 1,055.48㎡(319.28평) | 건축면적 : 388.36㎡(117.48평) | 연면적 : 1,064.17㎡(321.91평
근콘크리트조 | 설비방식 : 중앙공급식 | 내부마감 : 벽/합판 위 수성페인트 | 지붕/목재 마루널 | 천장/합판 위 수성페인트 | 외부마감 : 벽/드라이비트 | 지붕/THK 16mm 복층유리 | 시공자 : 남두건설 |
임영만 | 구조설계 : S.N.S | 기계설비 : 보승엔지니어링 | 전기설비 : 길산엔지니어링 | 조경/인테리어 : 칸.도시 건축사사무소

: 36.79% | 용적률 : 66.85% | 규모 : 지하1층, 지상2층 | 최고높이 : 16.40m | 구조방식 : 철
: 1995 .6 ~ 1995 .8 | 공사기간 : 1995 . 10 ~ 1997 .10 | 설계담당 : 김기열, 안규남, 우성원,

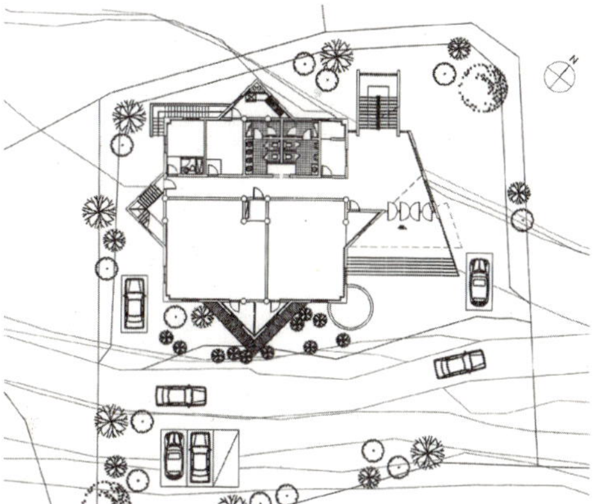

배치 및 1층 평면도

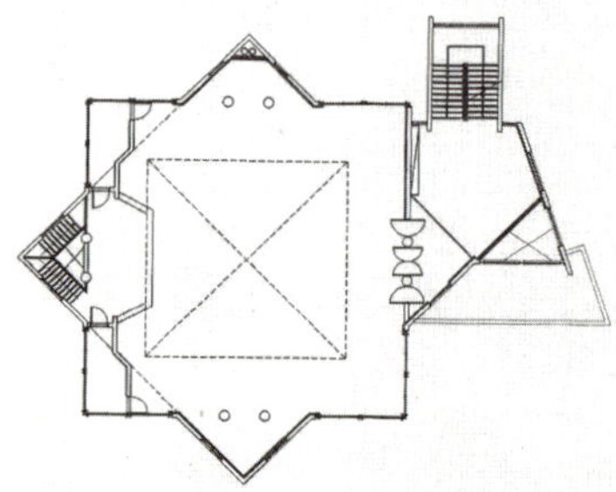

2층 평면도

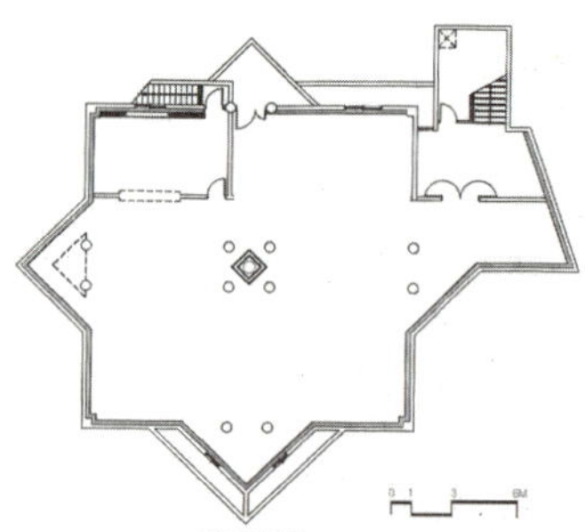

지하 1층 평면도

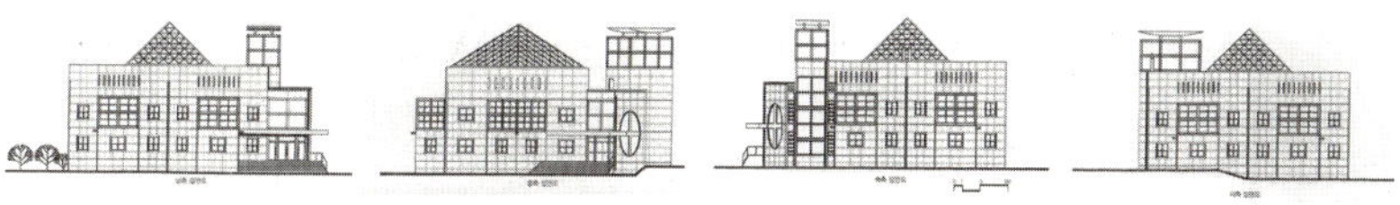

자연과 더불어 하나님의 섭리를 체험하는곳. 그곳은 이론과 지식으로서의 신앙이 아닌 체험의 신앙을 수련하는곳이어야한다.

좁은 산길을 스치며 올라간 남향의 산기슭, 계곡속에 아늑하게 자리잡은 대지 중 사용할 수 있는 부분은 그리 넓지 않았다. 앞으로는 계곡물이 흐르고 그건너 산기슭에 밤나무밭이 보이는 그곳에 내가·할수있는 일이란 무엇일까.아름다운 자연환경에 서툴은 솜씨로 메스를 대는것을 하나님은 과연 용납할 것인가. 대지가 한눈에 조망되는 건너편 산기슭에 서서 땅을 딛고 솟아오를 새로운 하나님의 성전을 그려보았다. 십자가의 상징성과 함께 빛에 의미를 부여하여 공간속에서 절로 경건한 신앙심이 우러나오도록 해야한다. 희생과 부활의 상징인 십자가의 중심에서 하늘로 부터 쏟아지는 빛을 맞으면서 회개하며 간구하는 심령들의 통곡소리가 하늘로 올라가고 그에대한 하나님의 응답이 빛처럼 쏟아 질때 이곳에서는 환희의 찬송이 울려퍼지고 저 산아래까지 전달될것이다.

건축은 하나의 이야기이며 장소는 기억의 편린들이 쌓이는 곳이다.

삼십여년 축적된 옛기도원의 흔적과 머리속에서 구성된 이야기를 가시화 시키기위해 펼쳐진 종이 위에는 십자가를 분해한 두개의 사각형이 그려지고 그것은 다시 회전하여 평면을 이루게된다. 지하층에는 식당및 보일러실,1층에는 관리사무실과 두개의 세미나실 그리고 초빙강사를 위한 작은 기도실이 두개,2층에는 예배당이 배치되었다. 또한 예배당 천정상부에는 유리의 피라밋이 놓여져 빛을 받아들이게된다. 가식없이 절제된 모습으로 외부는 콘크리트위에 드라이비트와 철골로 꾸며지고 계단실 상부는 투명한 유리상자안에 고가수조가 놓이고 그 위에는 종탑대신에 성령의 은사를 받아들이는 두손을 상징하는 조형물이 놓여져있다.

일산동안교회

예수사랑교회

가은교회

샘빛교회

열린교회

동일교회

성암교회

상동교회 교육관

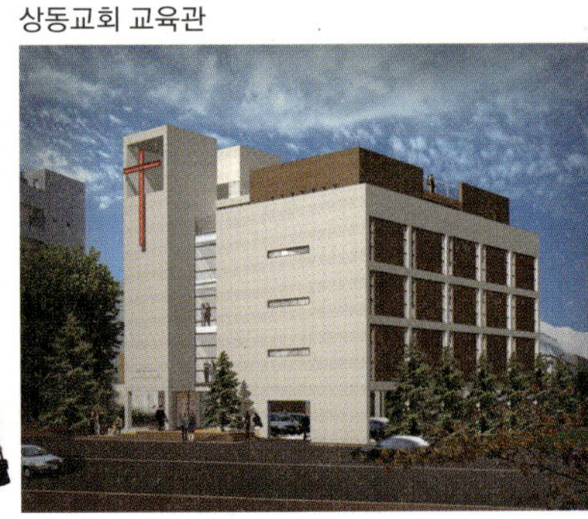

순천나눔의교회

두레교회

예향교회

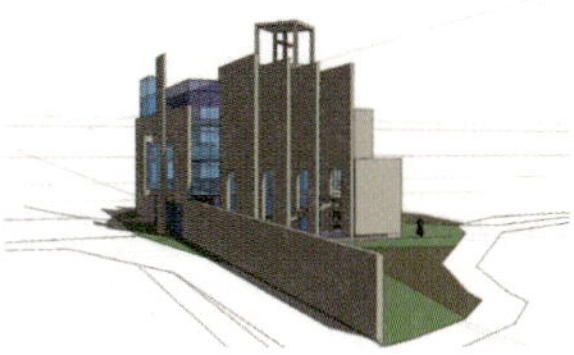

샛별교회

전하리교회

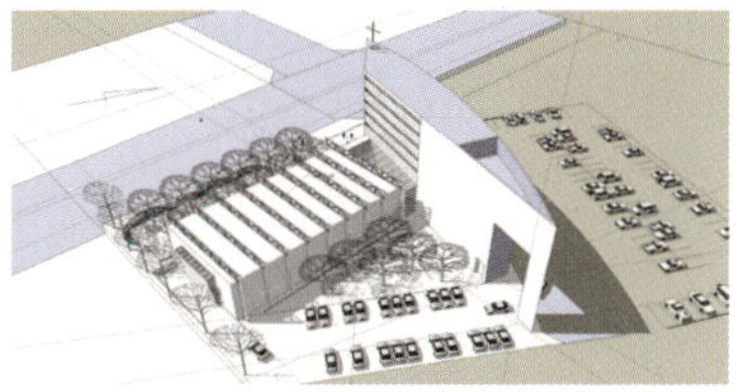

순복음강남교회

인천중앙교회

성봉교회

안디옥교회

석천중앙교회

한신교회 1

구세군동산교회

효창교회

드림교회

아현중앙교회

한신교회 2

예닮고을교회

신천비젼센터 1

신천비젼센터 2

빛과 소금 교회

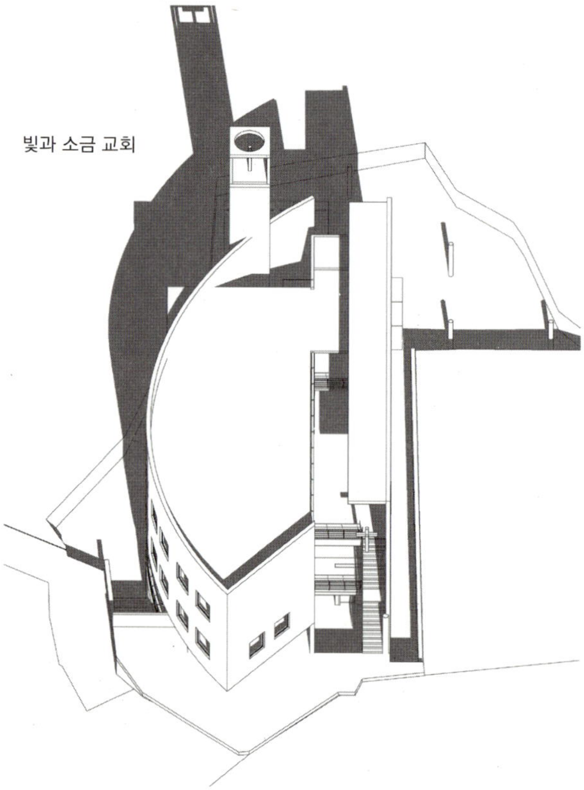

염광교회

대흥교회

함께하는교회

동안교회 수양관

왕십리감리교회

소명교회

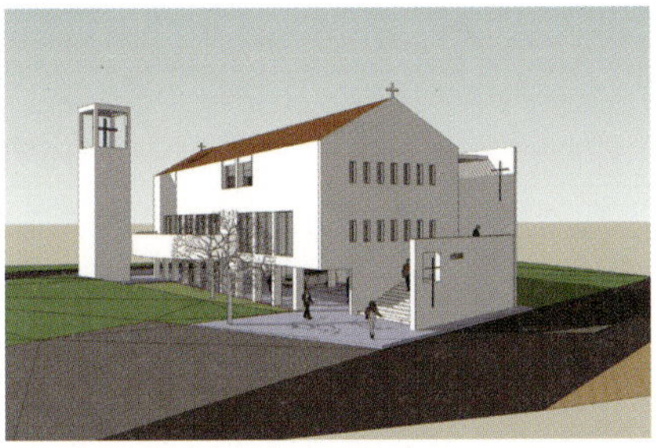

서부침례교회

선제도 산성교회 수양관

성복교회 교육관

주음성교회

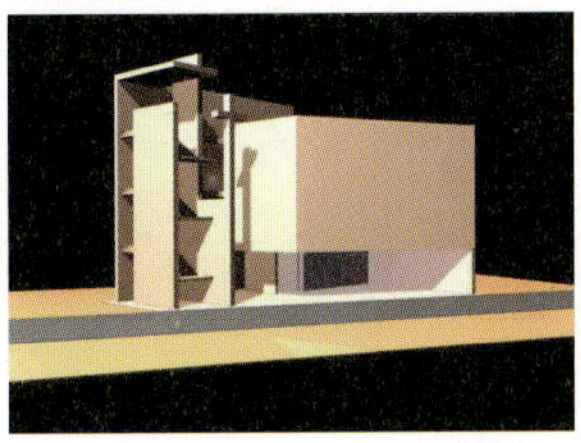

우림교회

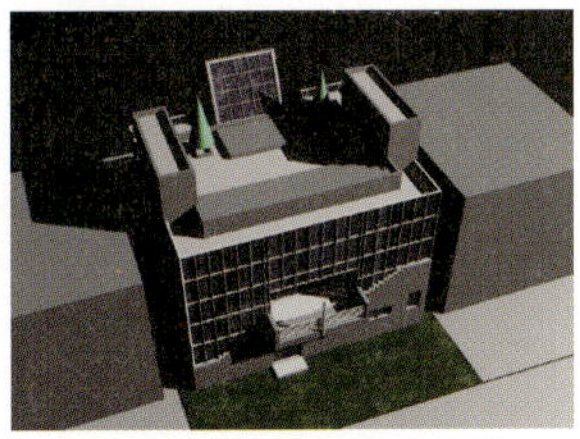

수안보 성봉교회

전하리교회

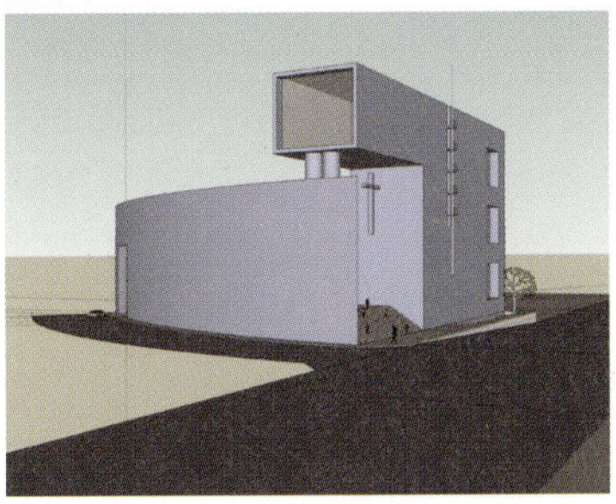

황토방교회

07

임성필

집 파트너스 건축사사무소
ZIP PARTNERS

하나님의 집

하나님을 기쁘시게, 사람을 행복하게, 세상을 아름답게!

ZIP은 우리말의 '집[ZIP]'을 뜻합니다. 주거공간의 기본단위가 '방'이라면 커뮤니케이션 공간의 기본단위는 '집'입니다. 누군가와 교류가 처음 이루어진 그 작은 공간에서부터 집 파트너스의 건축이야기를 시작하고자 합니다. '집과 같은 공간', '집과 같은 건축', 그리고 '집과 같은 도시'를 꿈꿉니다.

집 파트너스는 건축에 대한 근원적인 질문들을 통해 디자인을 발전시켜 나갑니다. 고정된 사고와 과격한 개념보다는 일상의 언어와 공간에 대한 본질적 탐구를 통해 건축을 구축해 나가고자 합니다. 프로그램에 대해 진지하게 사고하고, 대지와 주변 환경과 소통하며, 유연하고 열린 사고를 통해 건축적 아이디어를 구체화하고자 합니다.

IM, SUNG-PIL

前 정림건축(수석 디자이너), 경기대 건축전문대학원(GSAK)
건축대전 초대작가, 건축가 협회 정회원, 대한민국 건축사
국민일보 교회건축 자문위원, 고려대학교, 목원대학교에서 강의
서울건축문화제 학생 아이디어공모 심사위원
건축적 개념 통(通) 그리고 집(ZIP)을 주제로 사람, 자연, 도시, 문화와의 소통과 흐르는 공간, 살아 숨쉬는 장소를 만들어 가고 있다.

저서
건축가 10인의 오피스 건축
건축가 5인의 교회 건축
건축가 10인의 주택 건축
건축가 임성필의 통 그리고 집

수상
해운대 온누리교회(2011 국민일보 건축대상 대상, 건축문화대상)
제주중앙교회(2014 국민일보 교회건축대상 대상, 건축가상)
부산제일교회(부산다운 건축상 금상)
국립 디지털도서관(친환경, 토목건축기술대상 최우수상, 건축문화대상, 서울시 건축상)
일산 킨텍스(건축문화대상, 경기도 건축상)
서울 파트너스 하우스(서울시 건축상, 디자인코리아 선정)
국립 현대미술관 서울관(아이디어 공모 최우수상, 지명현상 최종2위)
광주시청사(경기도 건축상)
서소문밖 역사유적지 설계경기(입상)
마포 석유비축기지 국제 전문가 아이디어 공모전(입상)

정림건축 재직시 프로젝트_해운대온누리교회 / 부산제일교회 / 성락성결교회 / 군산중부교회

通 통할 통 : 하나님과의 소통

소통의 플랫폼, 이곳은 다양한 프로그램과 사람들의 활동을 담아내는 문화 베이스

현대사회는 물리적인 공간의 경계가 점차 그 의미를 잃어감에 따라 많은 것들의 경계 및 차이, 구분이 불분명해지는 모습으로 변해가고 있다. 그러므로 새로운 교회를 만들어 가는 과정은 사람들의 행위를 사고의 중심에 놓고 사람들 간의 만남, 사람과 하나님과의 소통에 대한 관심, 나아가 도시와 사회의 공공적 역할에 대한 의지에서 출발한다. 끊임없이 변하는 사회와 도시에서 연속적 흐름을 갖는 동선과 공간을 통하여 장소와 배경이 통합되어지고 유동적인 흐름과 일상의 의미를 담을 수 있는 다기능적 복합체를 추구하게 된다. 이런 관점에서 길과 마당, 데크, 연속된 동선과 판, 비워진 장소는 대중에게 만남의 장소와 문화의 장으로써 공공적 역할을 하게 된다. 그리고 이것은 땅, 주변 경관 및 자연, 도시와 자연스런 상호소통을 이루며 이들의 비워진 그리고 다층화된 공간과 면들은 도시 경관과 어우러져 공공행위들을 자유롭게 한다. 더불어, 도시적 풍경을 담기 위한 공간으로서 다양한 레이어로 부가되며, 이들과 연결된 장소들은 다층적 지형을 지닌 건축적 풍경으로서 흐르는 공간, 살아 숨쉬는 장소가 된다.

오름, 느림 : 연속적 흐름을 갖는 공간과 동선 / 비움 : 마당과 ROOF(하늘예배당) / 빛 : 성스러운 빛과 절제된 빛이 흐르는 교회
공공성 : 문화, 사람, 자연, 도시와의 소통_땅을 되돌려주는 건축

PROJECT LIST

01 제주중앙교회 · JA CURVE CHURCH ··· 261

02 금호중앙교회 · CHURCH OF MEMORIAL BRICK ··· 271

03 안양열린교회 · ANYANG YL CHURCH ··· 280

04 속초중앙교회 교육문화관 · SOKCHO JA CHURCH BASE CAMP ··· 286

05 축복의교회 · BLESSING CHURCH ··· 288

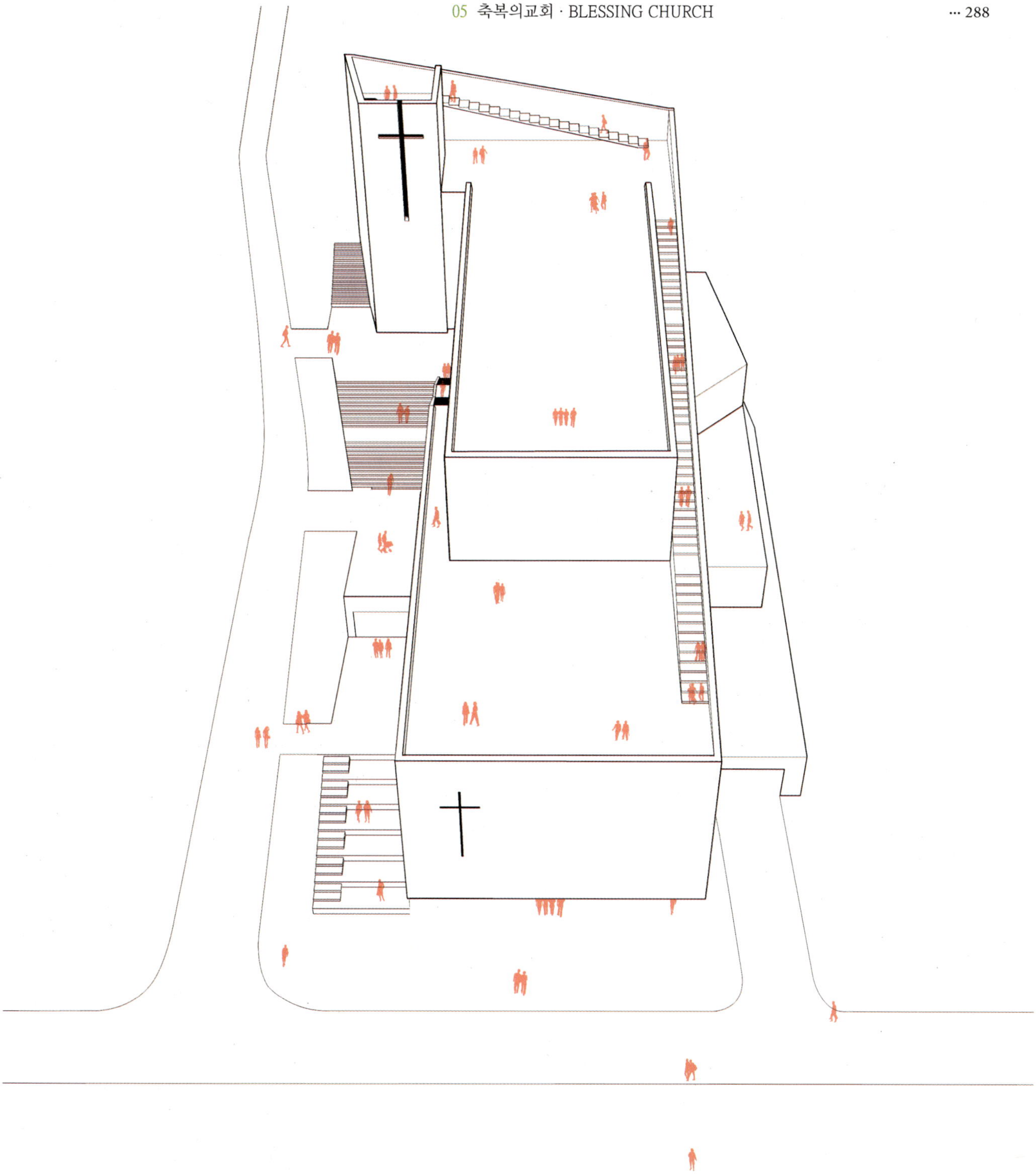

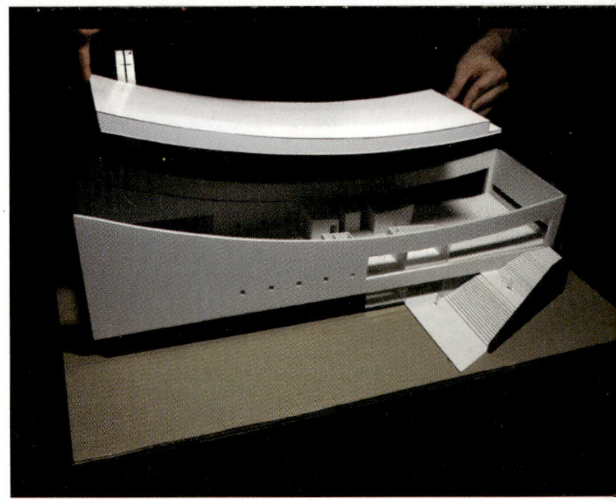

JA CURVE CHURCH

제주중앙교회

임성필 / 집 파트너스 건축사사무소

자연과의 조화

대지는 제주시 오라 2동 한천 주변에 자리잡고 있다. 인근에 6차선 도로가 위치하고 있지만 울창한 소나무 숲과 돌담 덕분에 대지에서는 안락한 분위기가 느껴진다. 오히려 편리한 교통을 이용할 수 있고 이면도로를 통해 대지에 접근하면서 외부와는 독립된 활용이 가능한 장점이 있다. 조용하고 편안한 장소를 찾던 교회에게는 최적의 조건이다.

프로젝트를 진행하면서 교회를 위한 목표를 다듬어 간다.
풍요로운 자연환경과 조화를 이루는 독창적인 건축을 할 것
교회의 비전과 가치관을 담을 수 있는 건축을 할 것

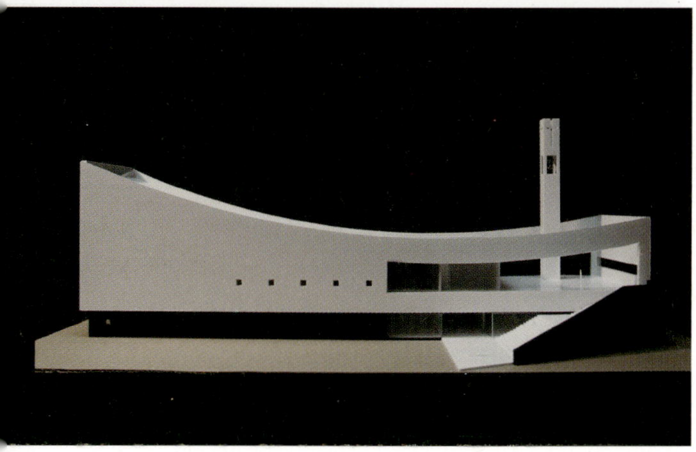

대지위치 : 제주시 오라2동
대지면적 : 7,750㎡
연면적 : 2,000㎡ (대예배당 좌석수 : 500석)
규모 : 지하 1층, 지상 1층

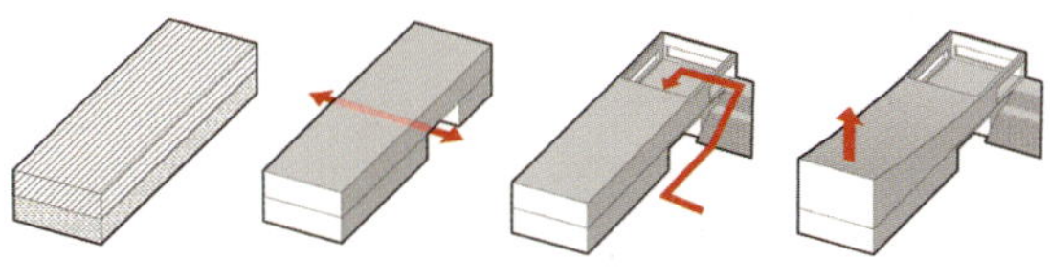

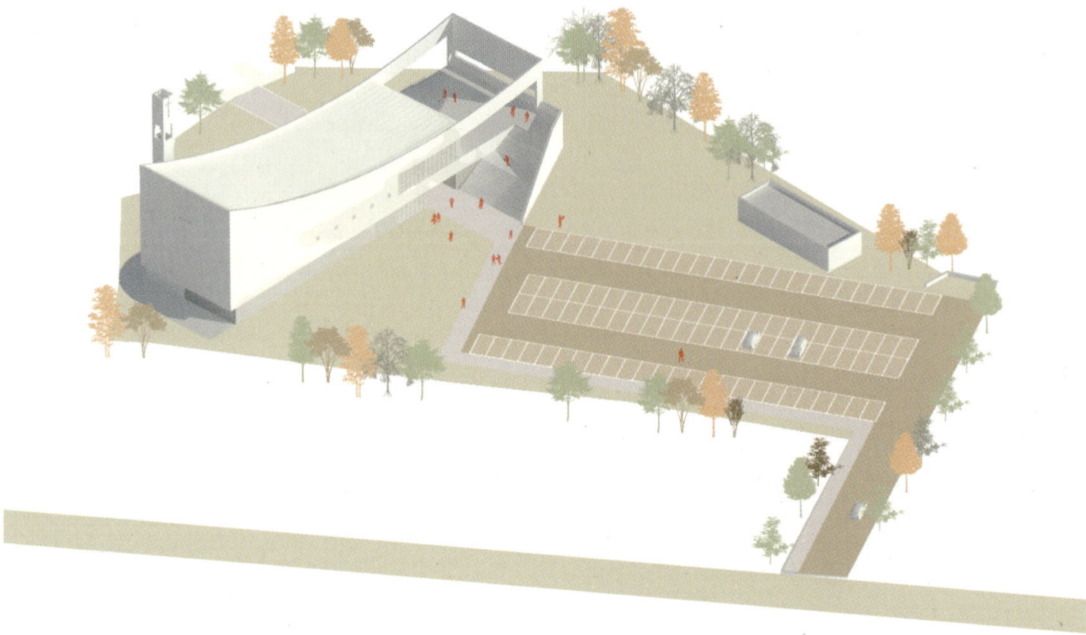

1층에는 사무공간과 식당, 카페를 계획한다. 식당은 독립적인 동선으로 분리하고 주차장에서 바로 접근할 수 있다. 향후, 주변에 새로운 건물들이 들어설 경우 새로운 장소의 축으로 작동하길 바라는 제안이기도 하다. 또한 상황에 따라 식당만 독립적으로 활용 가능하다.

2층에는 예배당이 위치한다. 계단을 통해서 외부에서부터 바로 접근이 가능하고 2층의 외부 데크, 홀, 예배당이 하나의 진입 동선으로 연속적으로 배치되어있다. 외부데크는 다양한 활동이 가능하도록 계획하였다.

예배당내로 진입하기 전 마음을 가다듬는 장소이기도 하고 성도들끼리 소소한 이야기를 나눌 수 있는 마당이 되기도 한다. 벽을 만들어 주변과 차이를 두었지만 사람의 눈높이에 긴 창을 두어 주변 자연 경관을 즐길 수 있도록 계획하였다. 날씨가 좋은 날에는 제주도 앞바다를 감상할 수 있다.

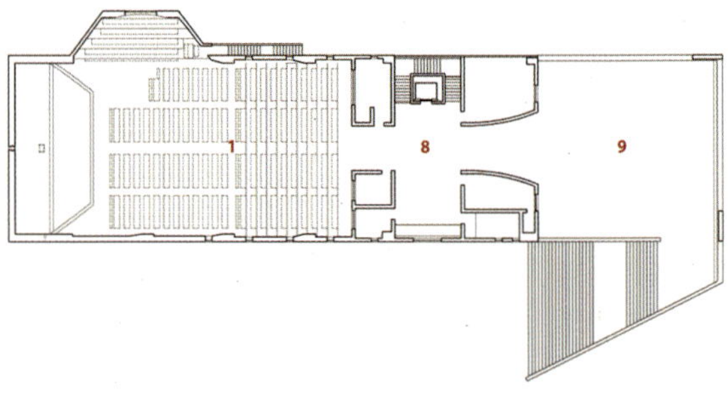

2F PLAN

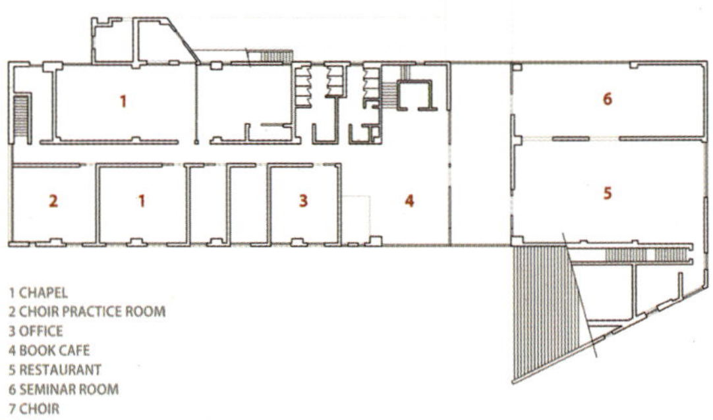

1 CHAPEL
2 CHOIR PRACTICE ROOM
3 OFFICE
4 BOOK CAFE
5 RESTAURANT
6 SEMINAR ROOM
7 CHOIR
8 LOBY
9 DECK

1F PLAN

자연광
NATURAL LIGHT

교회는 간단한 형태와 프로그램의 특성을 바탕으로 구체화(디자인) 되었다. 1층에는 사무공간과 식당, 모임공간이 위치한다. 외부공간을 통해 2층으로 올라가면 작은 마당을 지나 로비와 예배당으로 진입 가능하다. 간략한 건축 형태는 종교적 공간이 가질 수 있는 본질적인 형태이다.

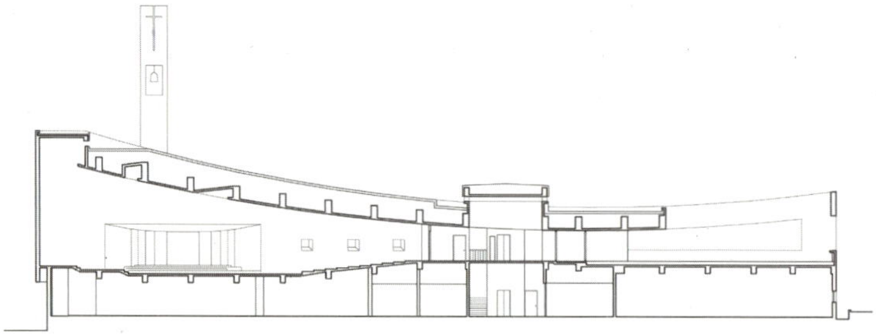

SECTION

자연과의 조화

HARMONY WITH NATURE

2.4m에서 시작된 로비의 층고는 점차 높아져 9.5m까지 연결된다. 이를 통해 외부공간에서부터 신을 위한 공간으로 다가서며 스케일 변화를 직접체험 할 수 있다. 하나의 판으로 연결된 천정은 자연스럽고 편안한 기도공간을 제공한다. 커브가 최고조에 이른 지점에는 천창을 통해 따뜻한 빛이 들어오고 커브천정은 자연스럽게 하늘로 사라진다.

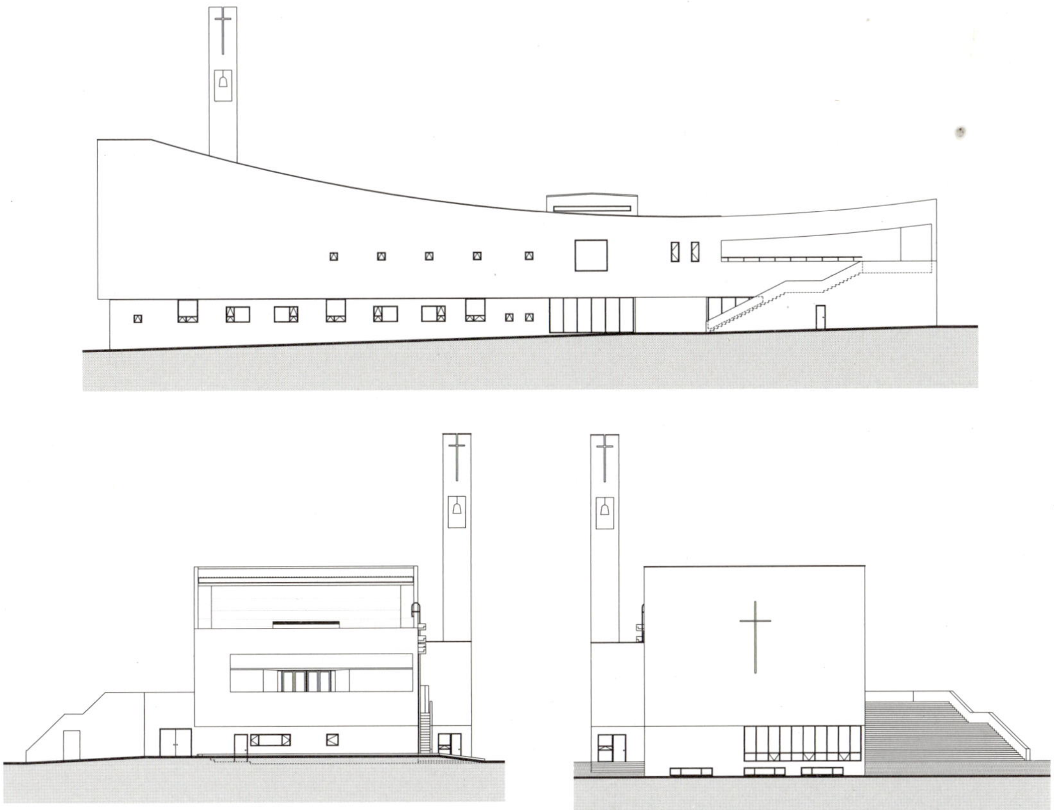

ELEVATION

금호중앙교회

임성필 / 집 파트너스 건축사사무소

새로움에 기억을 담다

금호동에 위치한 중앙교회는 1957년부터 시작된 오랜 역사를 가지고 있다. 금호동 일대가 모두 재개발 구역으로 지정되면서 중앙교회 역시 새로운 건물을 짓고 다시금 전통을 이어가길 원하고 있다. 기존 교회는 고딕양식의 건물로써 뾰족한 첨탑에 거친 화강석, 그리고 적벽돌로 구성되어있다. 교회건물은 오랜 시간동안 언덕 위에서 금호동의 중심으로 자리잡고 있었다. 마을의 골목 길은 교회를 중심으로 나있었고 교회의 출입구 방향을 따라 지역의 삶이 움직이고 있었다. 하지만 "재개발"이라는 말은 "새로움"인 동시에 "단절"을 의미 하기도 한다. 기존의 작은 골목길들은 넓게 확장될 것이며 아기자기한 작은 주택들은 보다 크게 변할 것이다. 재개발은 그렇게 한 순간에 모든 것을 뒤바꾼다. 새로움이 들어서고 과거는 쉽게 잊혀진다.

대지위치 : 서울특별시 성동구 금호2가 금호 제 13구역
대지면적 : 2,148㎡
연면적 : 8,264㎡ (대예배당 : 700석)
규모 : 지하 3층, 지상 4층

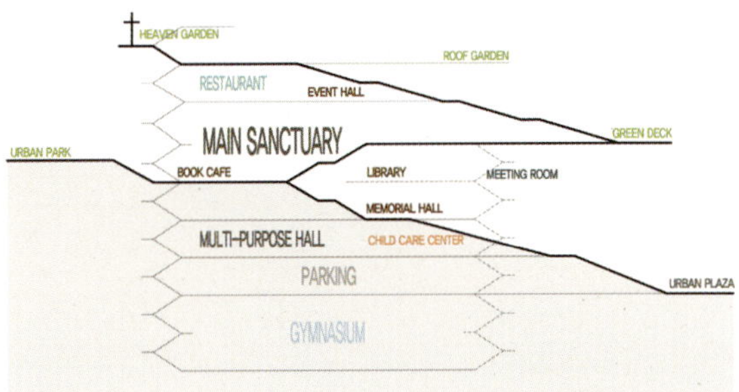

MASS PROCESS

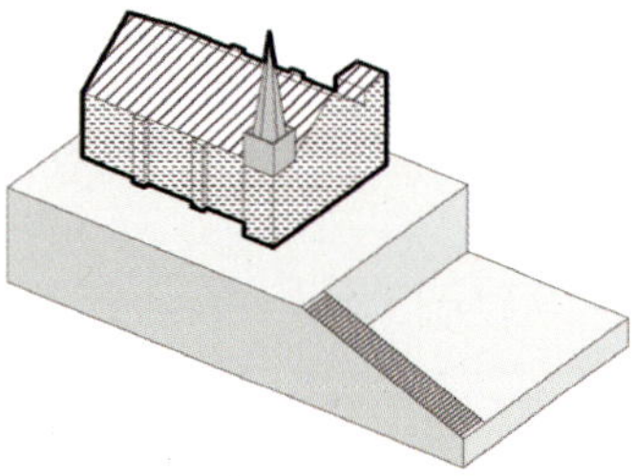
old church

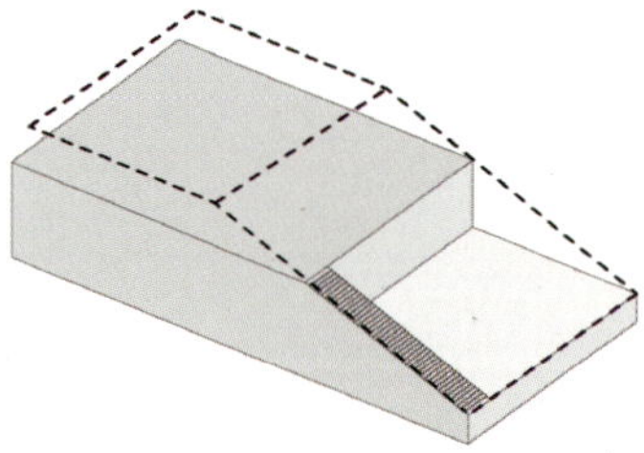
recovering ground

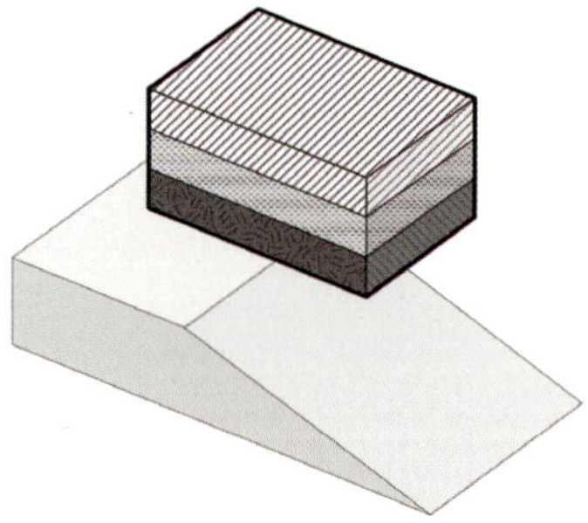
program volume

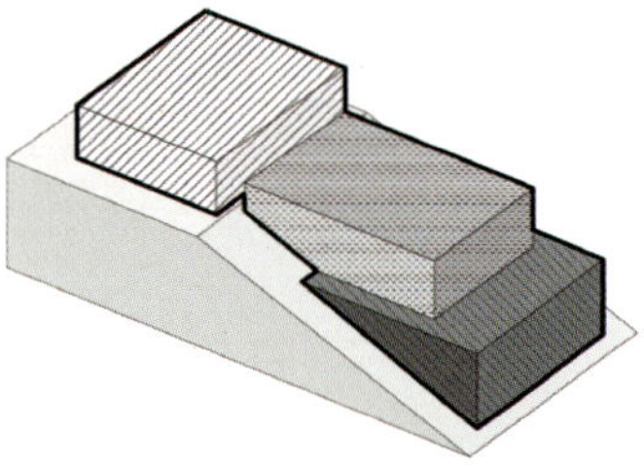
program zoning

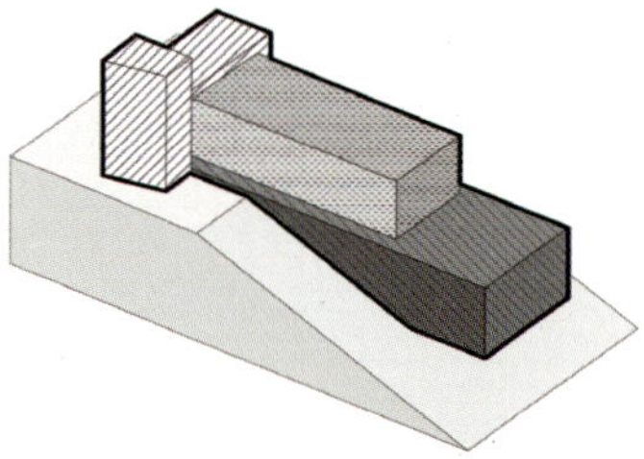
design

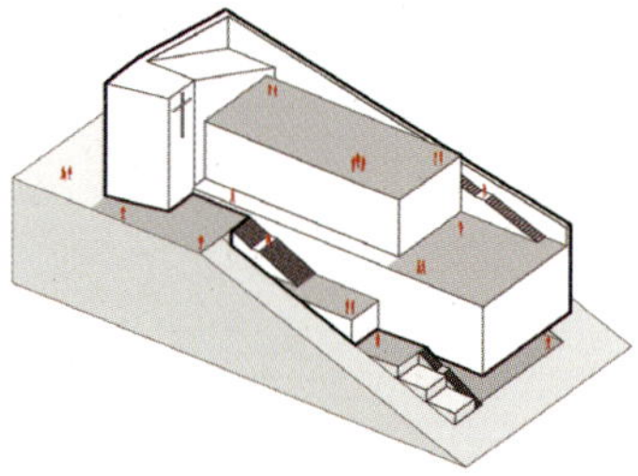
new church

DESIGN PROCESS

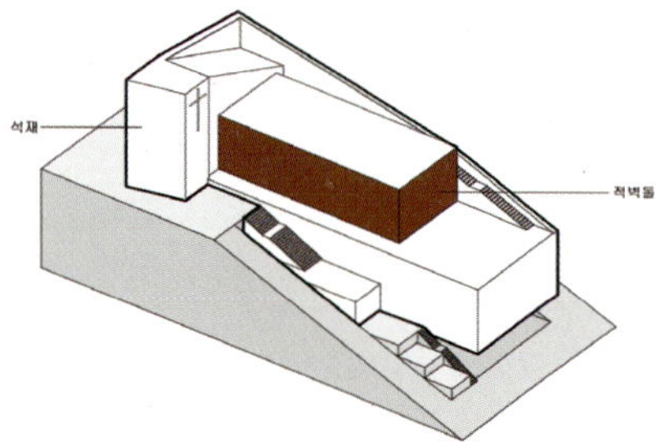

re-use of old building facade

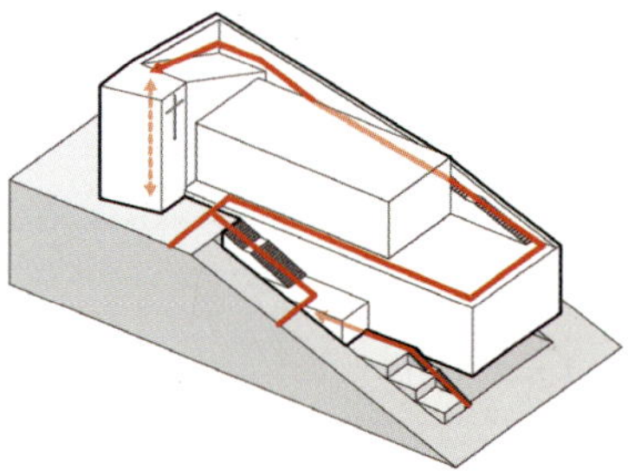
building circulation

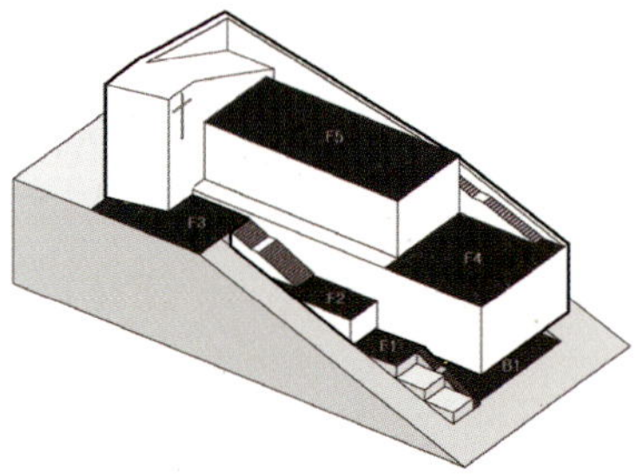

various level of building

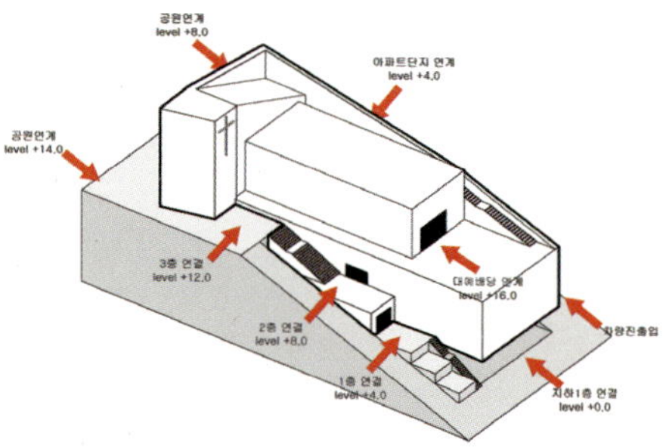

ground access of the multi level

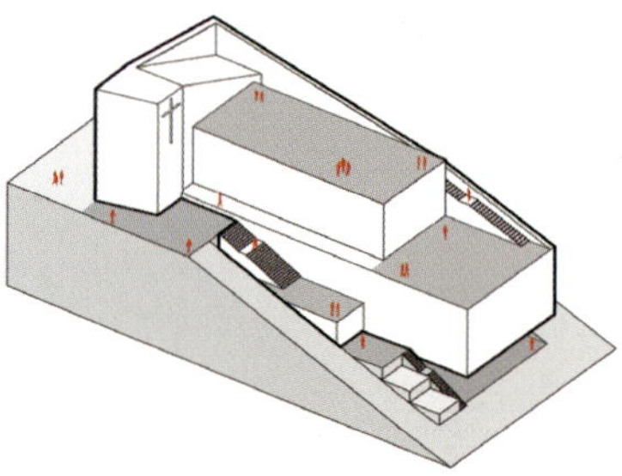
new church

"천상을 오르다"

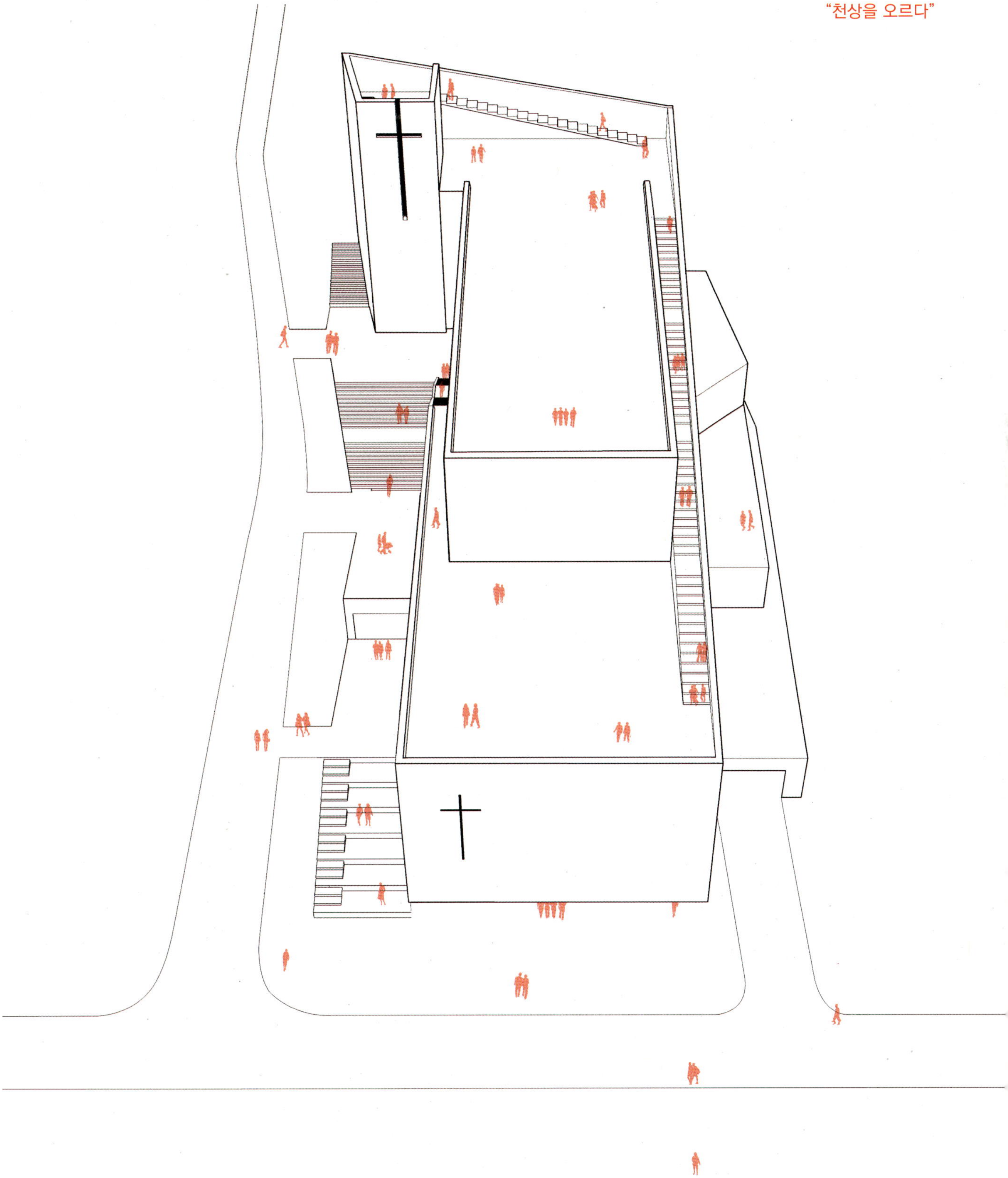

단면투시도

SECTION PERSPECTIVE

예배당의 내, 외부벽은 기존예배당의 물성에 맞추어서 벽돌로 계획되었다. 신축에 사용될 벽돌의 일부는 기존교회의 벽돌을 활용하였다. 앞으로 교회를 이끌어갈 그들의 손에 의해서 벽돌은 해체되고 다시 쌓여질 것이다. 비록 작은 행동이지만 성도들의 참여를 통해 건축의 역사성을 이어가게 된다.

ANYANG YL CHURCH

안양열린교회

임성필 / 집 파트너스 건축사사무소

역사성을 간직한 도심형 교회

일반공업지역에 있는 이 교회는 과거 공장으로 사용되었고 현재는 그 흔적을 간직한 채 교회로 사용되고 있다. 본관과 별관으로 구성되어 있으며 배치가 만들어 내는 외부공간은 도심의 축을 형성한다. 과거 공장의 건축양식을 가지고 있지만 루버와 다른 재료들로 인해 그 본연의 특성이 잘 보여지지 않고 있었다. 건물의 내부 또한 오래된 목재 트러스의 모습을 숨긴 채 낮은 층고의 내부공간을 형성하고 있었고, 창호가 좁아서 환기, 채광등 외부와의 소통이 부족한 상황이었다. 그리고 최근 화재로 인해 본관의 2층 부분이 소실되어 부분적인 보수가 필요한 상황이었다.

대지위치 : 경기도 안양시 동안구 관양동
대지면적 : 2,940.8㎡
연면적 : 4,000㎡ (대예배당 좌석수 : 950석)
규모 : 지하 1층, 지상 3층

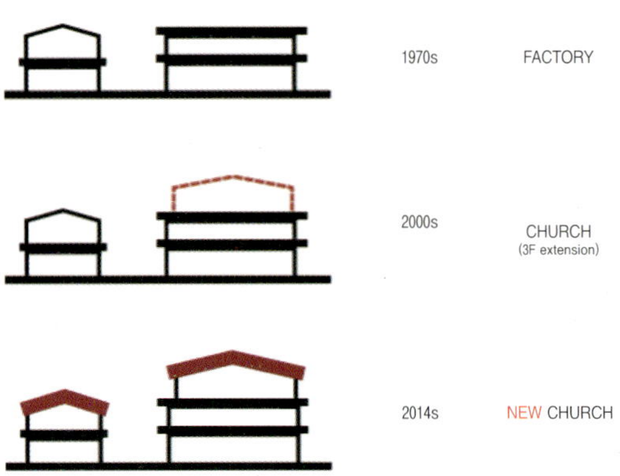

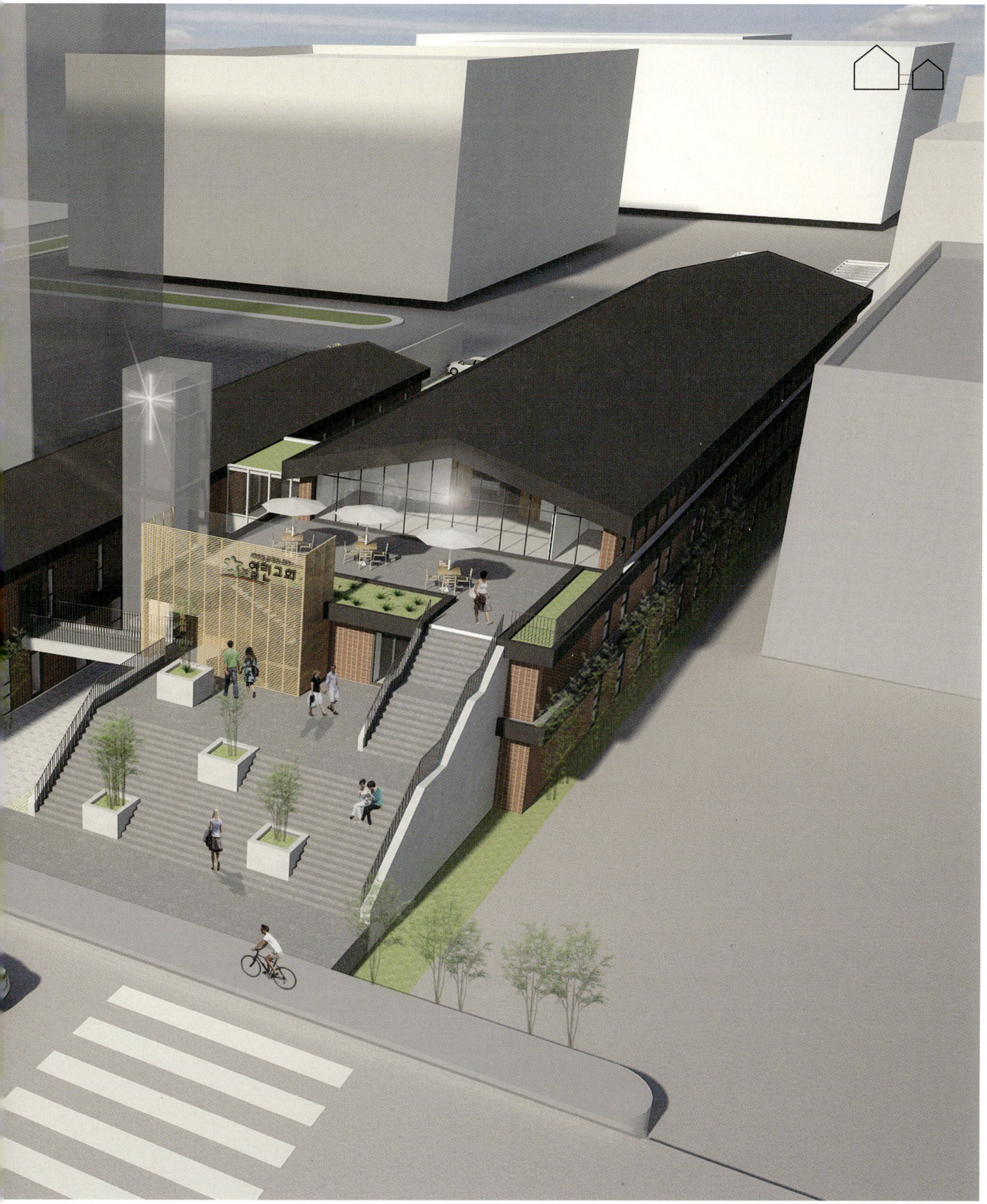

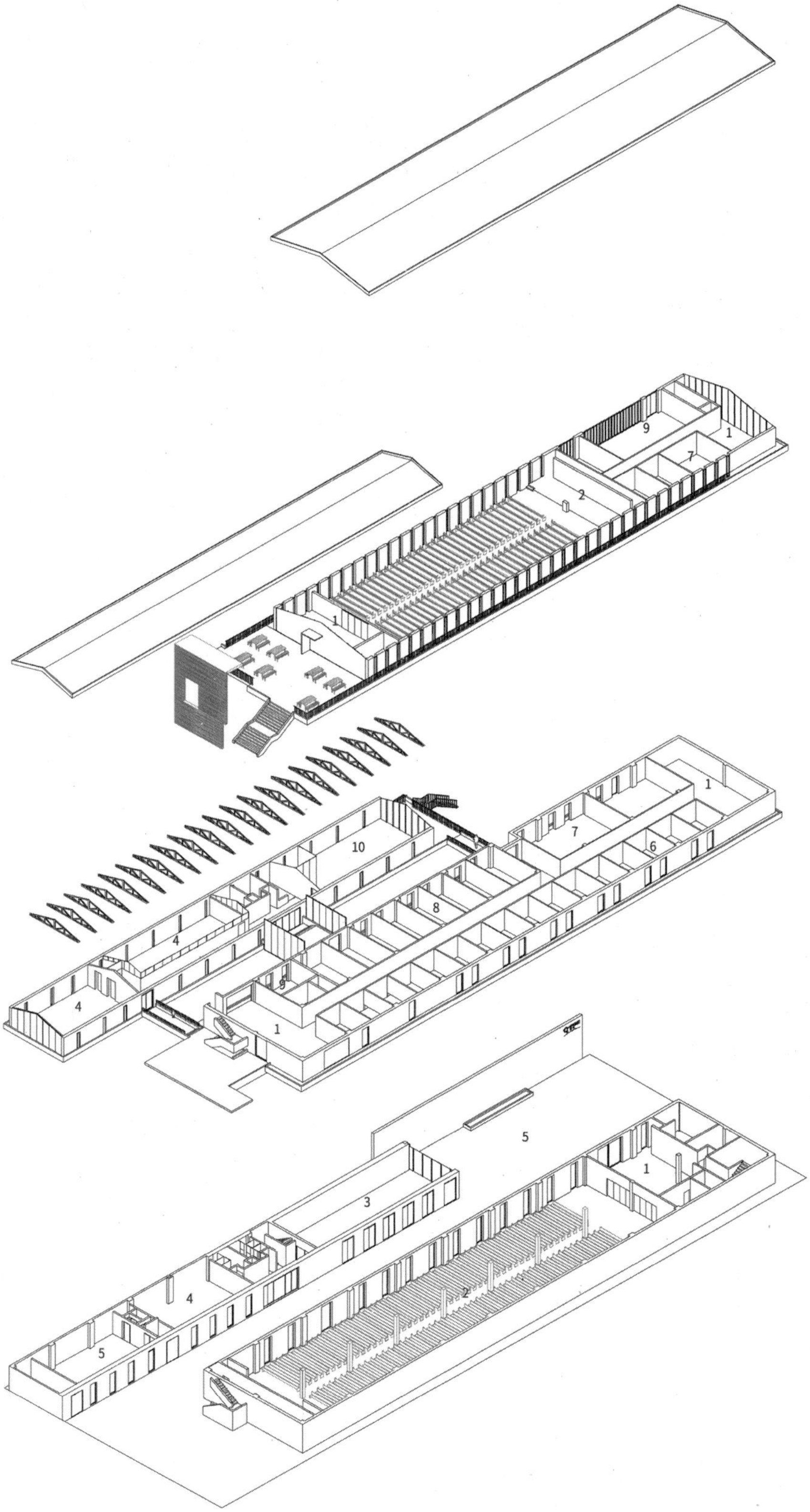

1 HALL
2 CHAPEL
6 CHURCH NURSERY
7 MEETING ROOM
9 OFFICE
10 BOOK CAFE

3 FLOOR

1 HALL
2 CHAPEL
4 EDUCATION ROOM
6 CHURCH NURSERY
7 MEETING ROOM
8 STUDY ROOM
9 OFFICE
10 BOOK CAFE

2 FLOOR

1 HALL
2 CHAPEL
3 CAFE
4 EDUCATION ROOM
5 KALVIN PARK

1 FLOOR

과거와 현재

EXPOSED TRUSS

공장으로 쓰여졌던 건물은 교회로 바뀌면서 오래된 목조 트러스를 숨긴 채 낮은 공간으로 쓰여지고 있었다. 새로운 열린교회는 구조를 드러냄으로써 높은 공간을 만들었을 뿐 아니라 과거의 흔적을 드러내어 교인들에게 교회의 시간성을 부여했다.

SOKCHO JA CHURCH BASE CAMP

속초중앙교회 교육문화관

임성필 / 집 파트너스 건축사사무소

산과 바다를 담은 교회

속초중앙교회는 울산바위와 동해 사이에 위치하고 있다. 수직으로 올라간 종탑을 상징으로 60년째 쓰여지고 있는 본당은 벽돌건물로 오래된 시간을 고스란히 간직하고 있다. 노후화된 시설의 보수와 새로운 공간의 필요에 의해 본당 옆 대지에 교육관을 증축하게 되었다. 새롭게 지어지는 교육관은 교회의 마당을 최대한 확보하는 방향으로 배치되었으며 이는 마치 하나님이 팔을 벌려 환영하는 듯한 느낌을 준다. 또한 사방으로 열린 창은 서쪽의 울산바위와 동쪽의 동해를 한 눈에 볼 수 있는 공간을 만들어준다. 높이 솟은 종탑을 사이에 둔 본당과 교육관은 같은 재료, 다른 형태 속에서 조화를 이루며 속초의 새로운 랜드마크로 자리잡을 것이다.

대지위치 : 강원도 속초시 청학동 638-4번지
대지면적 : 3,685 ㎡
연면적 : 5,600㎡
규모 : 지하 1층, 지상 6층

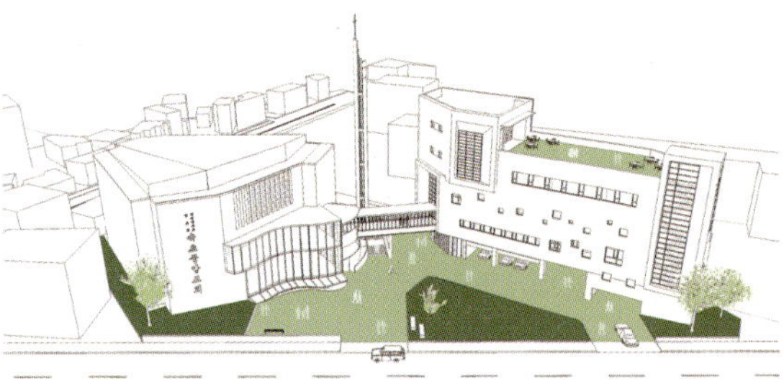

CHURCH OF BLESSING

축복의교회

임성필 / 집 파트너스 건축사사무소

통석의 교회

인천아시아게임이 끝나고 선수촌으로 사용되어진 아파트들이 보수 후 인천의 보금자리로 돌아오게 된다. 이 대지는 선수촌 단지 내 3번째 종교부지이다. 뒤쪽에는 이 지역을 하나로 묶는 거대한 자연녹지공원이 조성되어있으며 신혼부부를 위한 아파트와 단독주택이 접해있다. 교회는 지역주민의 커뮤니티공간이 되고자 하였으며, 공간의 배치를 통해 적극적인 문제해결에 다가갔다.

비교적으로 교회에 위압감을 느끼는 지역주민들을 위해 교회의 모든 프로그램을 지면에서 띄웠다. 전면을 폴딩도어(접이식 유리문)로 구성하여 자연스럽게 접근할 수 있으며 뒤쪽의 녹지와 연결하여 사용자들의 자유로운 진, 출입을 유도하였다.

대지위치 : 인천광역시 남동구 구월동 구월보금자리주택지구
대지면적 : 1,166㎡
연면적 : 5,000㎡ (대예배당 : 500석)
규모 : 지하 3층, 지상 5층

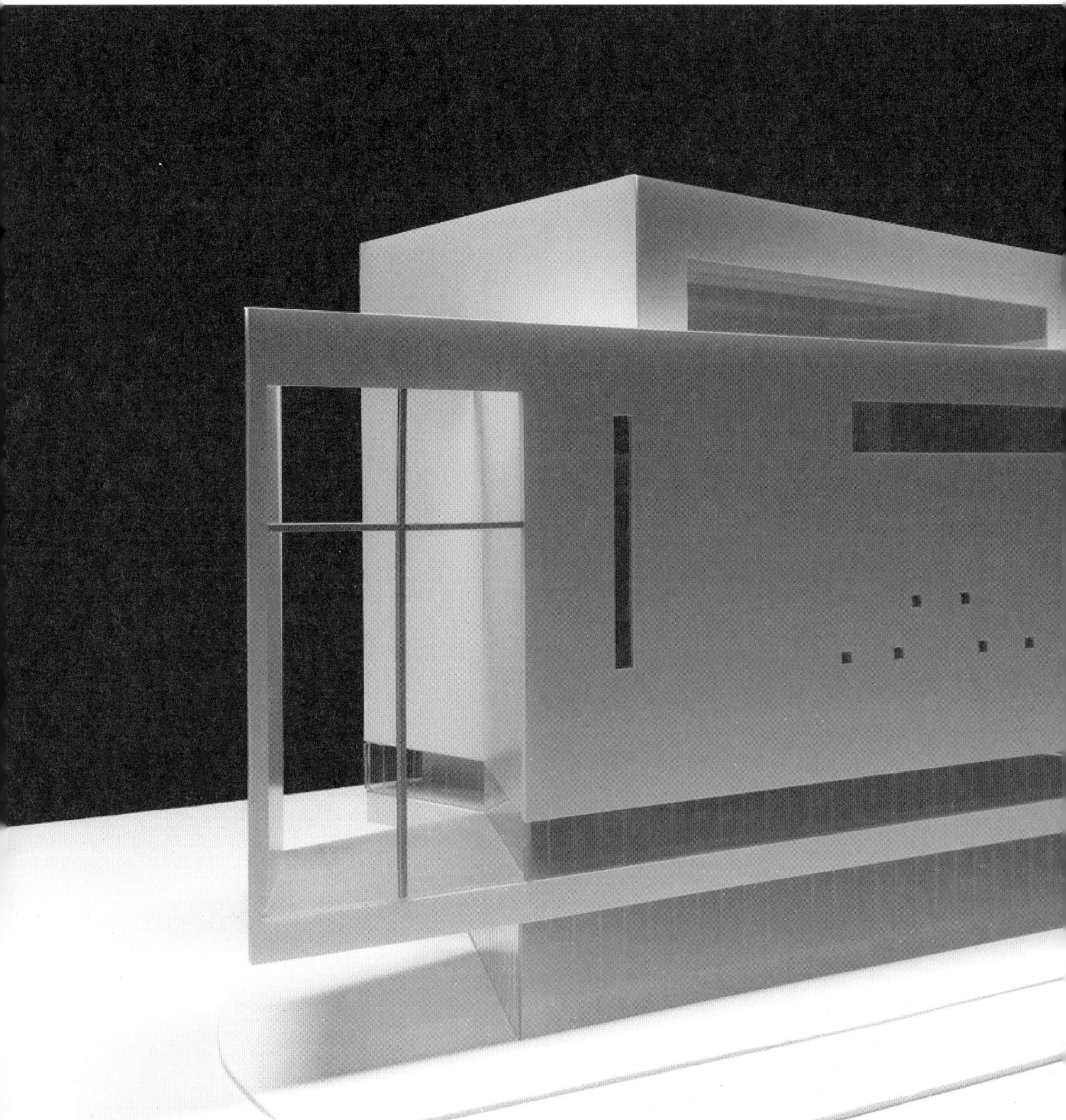

지역과의 소통
COMMUNITY

교회는 지역 사회와의 소통을 중요시 여겼다. 저층부의 프로그램은 철저하게 지역주민에게 환원되어지도록 계획하였다교회의 프로그램을 저층부에 두지 않음으로 거부감 없이 접근할 수 있게 하였으며 북카페와 소규모 세미나실들은 지역 커뮤니티의 공간의 부족을 해소시킨다. 그리고 질 높은 공간은 그들에게 새로운 쉼터이자 환기의 공간이 될 것이다.

08

최동규

(주)서인 종합 건축사사무소
SEOINN DESIGN GROUP

'用' '体' '美'

건축설계를 평생의 업으로 삼은 지 벌써 44년이 흘렀다.
이제는 건축이 무엇인지 나 나름대로 정의해도 무안하지 않을 나이가 됐다.

우선 건축은 비용이 많이 드는 행위다. 그러므로 필요하지 않은데 건축을 하는 사람은 없다.
그러니 건축의 첫째 이유가 필요다. 나는 이것을 한자로 '용'이라고 하고 쓰기위해 짓는다고 표현한다.

둘째 쓰기위해 필요한 것을 모으면 '체'가된다. 즉 필요한 것을 모아놓으면 일정한 볼륨이 나타난다는 말이다.

셋째로 '미'가필요한 단계가 되었다. 필요를 위해 쌓아놓은 것을 건축가가 나서서 구조, 기능, 미 를 최대한 살려 작업을 해낼 때 그 건축은 한낱 건물이 되거나 건물을 뛰어넘는 다른 무엇이 되는 것이다.
나는 바로 단순한 건물이 되느냐 건물을 뛰어넘는 그 무엇이 되느냐의 싸움을 늘 하고 있다.

인간의 감성을 어루만지는 공간 창조, 서인건축의 본질은 사람입니다.

세계적 거장이자 현대 건축의 아버지인 핀란드 건축가, 알바 알토로부터 10여년간 사사받으며 현대 건축의 전형을 여러 각도에서 모색하게 되었습니다. 알바 알토의 유기적 건축과 사람에 대한 애정과 관심은 건축에 대한 개념 정립의 바탕이 되었고, 오늘날 서인건축의 정신에 자연스럽게 이어지고 있습니다.

서인건축은 언제나 사람에 초점을 맞추고 사람과 자연에 대한 도입을 적극적으로 시도하는 것은 물론, 사용자를 충족시키는 건축, 스토리와 감성이 있는 공간, 합리적이고 실용적인 공간 창조를 실현해 가고 있습니다. 지금까지 수많은 프로젝트를 성공적으로 수행해 오며 대한민국 건축문화의 새로운 패러다임을 제시해 온 서인건축은 오늘에 안주하거나 얽매이지 않고 늘 새로운 것에 대한 목마름으로 끊임없이 일탈을 꿈꿉니다.

Awards

SEOINN DESIGN GROUP

(Banpo-dong) 12-3,
Sapyeong-daero 20-gil,
Seocho-gu, Seoul, Korea
T +82 02-532-1861 / F +82 02-536-8425
seoinn@korea.com
www.seoinndesign.com

1998 장로회 신학대학교 강당, 도서관 및 학생회관 / 경기도 건축문화상 대상
2000 **SECQUENCE_아천동주택** / 한국건축문화대상 입선
2001 **SECQUENCE_아천동주택** / 경기도 건축문화상 은상
2005 모새골성서연구소 / 한국건축문화대상 특선
의정부영아원 및 경기북부 아동일시보호소 / 한국건축문화대상 은상
나사렛교회 / 서울사랑시민상 장려상
예수소망선교원 / 경기도 건축문화상 입선
2006 복지교회 / 대한민국 목조건축대전 본상
2007 평창동주택 / 서울특별시 건축상 장려상
2009 약수교회 / 국민교회건축상 동상
2010 양평수련관 성화관 / 경기도 건축문화상 입선
2011 신촌성결교회 / 한국건축문화대상
우수상한소망교회 / 경기도 건축문화상 입선
건축의날 / 대통령상 표창
양곡비전센터 / 국민교회건축상 입선
2012 양곡비전센터 / 창원시 건축대상 은상
신촌성결교회 / 교회건축문화대상 대상
2013 더사랑의교회 / 한국건축문화대상 우수상

CHOI, DONG-KYU

1947 충북청주출생
1967 경기중고 졸업
1971 한양대 건축과 졸업
1989 한양대학교 산업대학원 건축과졸업
(오디토리움 잔향시간 예측방법에 관한 연구)
1971-1973 진아건축 연구소 (대표:부대진)
1973-1975 공간연구소 (대표:김수근)
1978-현재 현재종합건축사사무소 서인대표
1988 대한민국 건축대전 초대작가
대한 건축사협회 정회원
1988-현재 현재 서울지방법원 조정위원
2000-2003 한국건축가협회 편찬위원장 역임
2004-2006 한국건축가협회 홍보위원장
2011 대통령 표창

2004-2005 홍익대학교 도시건축대학원 출강
2004-2007 건국대학교 건축전문대학원 겸임교수
2006-현재 서울대학교 건축학부 출강

PROJECT LIST

01 더사랑의교회 · THE SARANG COMMUNITY CHURCH ··· 296
02 신촌성결교회 · SHINCHON CHURCH ··· 302
03 약수교회 · YAKSOO CHURCH ··· 308
04 만리현교회 · MANRIHYUN CHURCH ··· 314
05 광주동명교회 · DONGMYEONG CHURCH ··· 318
06 기타교회 · ETC PROJECT ··· 320

THE SARANG COMMUNITY CHURCH

더사랑의교회

최동규 / (주)서인종합건축사사무소

대지위치 : 경기도 수원시 영통구 광교 중앙로 260번지
주용도 : 종교시설 대지면적 : 2,372m² 연면적 : 12,202m²
층수 : 지하4층-지상8층
준공년도 : 2013

Location : 260, Gwanggyojungang-ro, Yeongtong-gu, Suwon-si, Gyeonggi-do, Korea
Use : Church Site Area : 2,372m² Gross Floor Area : 12,202m²
Floor : B4 - 8F
Completion : 2013

더사랑의교회

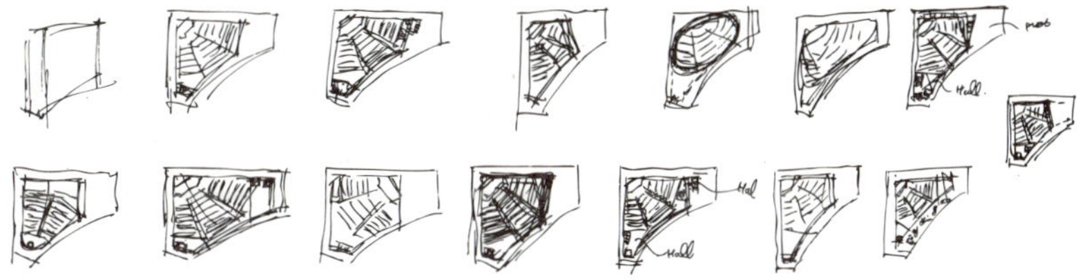

더 사랑의 교회의 대지는 전면의 40미터 도로 전방에 터널이 있는 외부에서 처음 마주하게 되는 모퉁이 대지로서, 교회 건축으로서의 강력한 이미지 구축에 절대 유리한 위치였다. 더구나 대지도 삼각형의 비정형이라 효율적인 사각형의 평면보다는 대지형상에 순응하여 비정형의 이미지를 먼저 구축하고, 그 매스 형태에 효율적인 교회 기능을 수용하는 것이 디자인 해결의 출발점이라고 파악하였다.

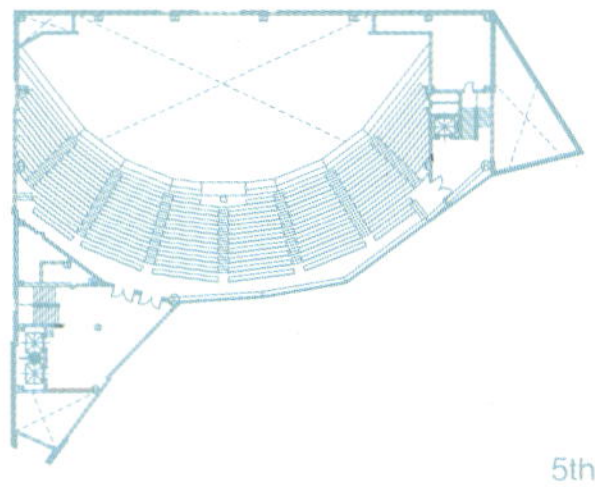

5th Floor Plan

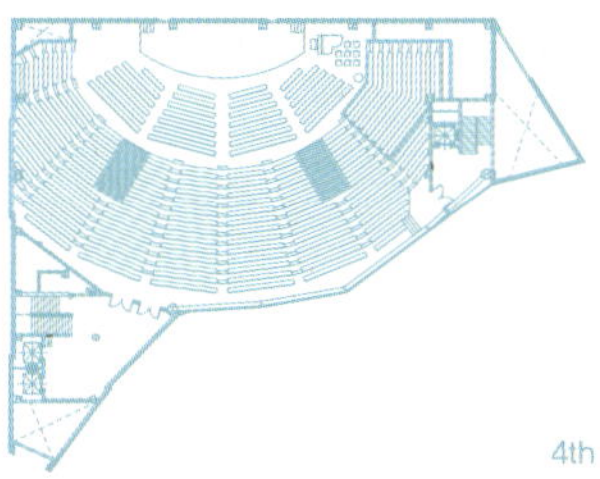

4th Floor Plan

1st Floor Plan

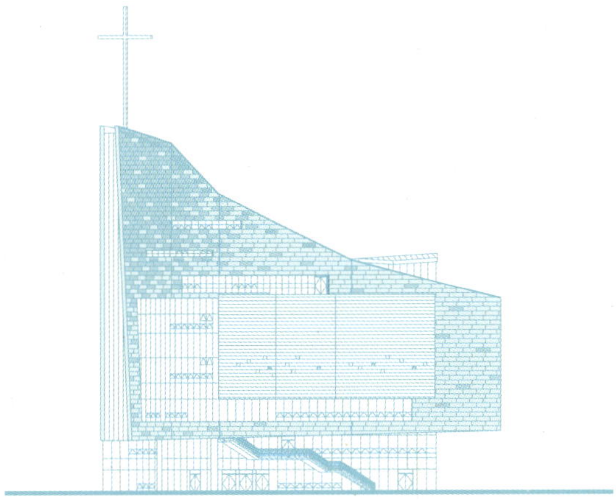

West Elevation

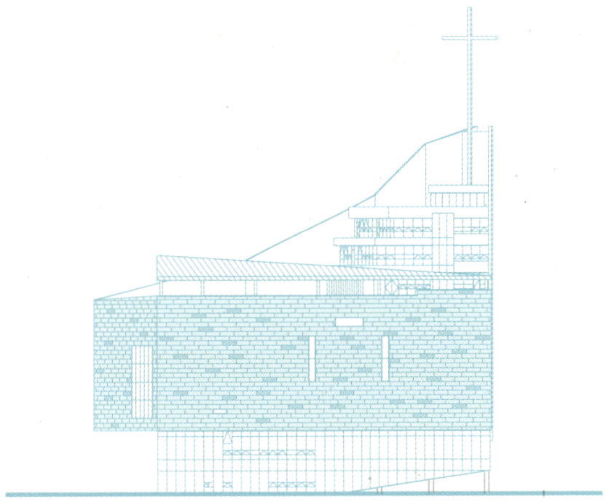

Eest Elevation

SHINCHON CHURCH

신촌성결교회

최동규 / (주)서인종합건축사사무소

대지위치 : 서울시 마포구 동교동 186-43 외 3필지
주용도 : 종교시설 대지면적 : 2,646m²
연면적 : 11,997m² 층수 : 지하4층-지상6층
준공년도 : 2011

Location : 186-43, Donggyo-dong, Mapo-gu, Seoul, Korea
Use : Church Site Area : 2,646m²
Gross Floor Area : 11,997m² Floor : B4 - 6F
Completion : 2011

신촌성결교회
김밥
맛정 김밥
단체 주문
즉석김밥
원룸 빌라 상가 빌딩 매매 전•월세 T.322-
팩스 복사

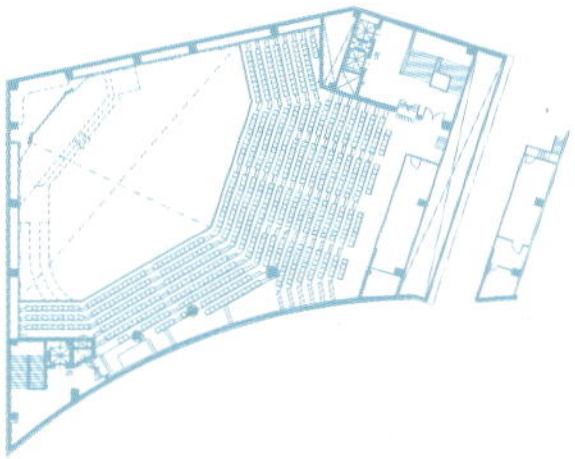

5th Floor Plan

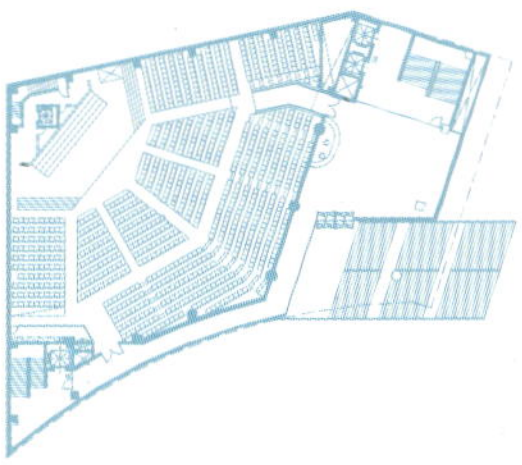

3rd Floor Plan

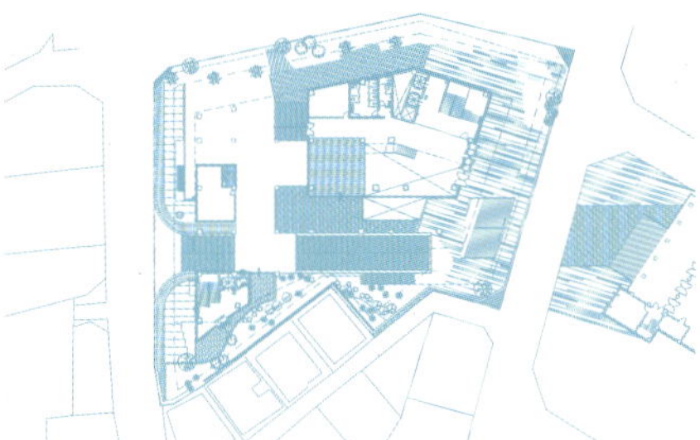

1st Floor Plan

전면도로에 도발적으로 잇대어진 과장되어 보이기까지 한 계단은 처음 예수를 믿기로 작정한 사람의 마음이 발길이 아주 쉽게 예배당으로 인도되어야 한다는 믿음이 있기 때문이었다. 그리고 둥글게 본체를 휘감은 벽은 바로 앞의 주택 네 채를 휘감는 보자기 같은 역할이라고나 할까...?

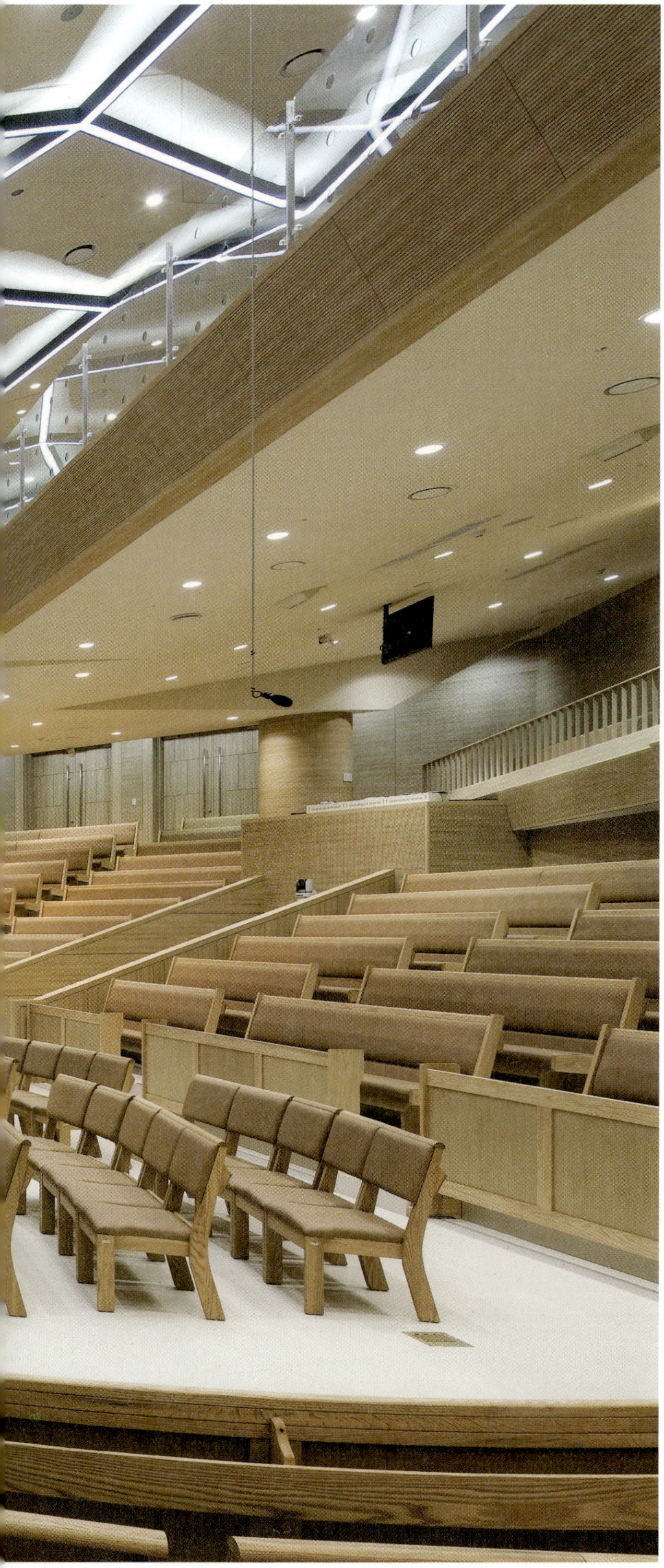

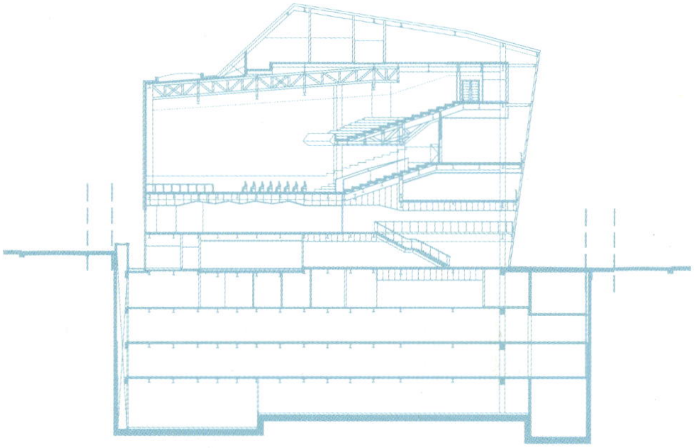

A–A' Section

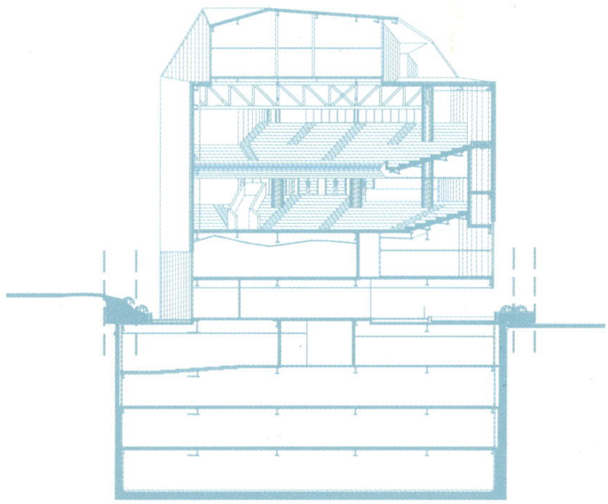

B–B' Section

약수교회 (Yaksoo Church)

대부분의 건물이 반듯하게 서있다. 수직 수평의 격자 틀의 구조물로 직립해서 도시를 구성하고 있다. 그런데 우리가 만들어내는 소품을 살펴보자. 귀여운 모습의 소품들이 집안 곳곳을 장식하고 있지 않은가? 소품들의 원래 사용목적과는 무관하게 품격으로 존재한다. 교회의 첫인상을 재미있게 만들고 싶은 욕망이 생겼다. 수직수평 건물들의 연속조합인 도시에 저항하고 싶다.

Location : 372-87, Yaksu-dong, Jung-gu, Seoul, Korea
Use : Church
Site Area : 2,669m² Gross Floor Area : 9,793m²
Floor : B4 - 4F Completion : 2010

카페 오픈

약수교회
명성빌라

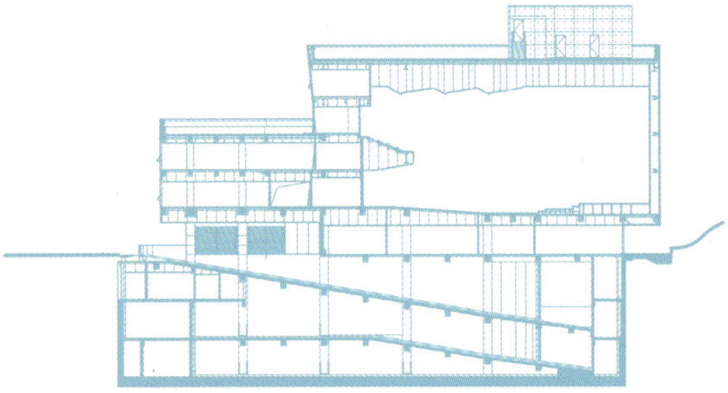

A–A' Section

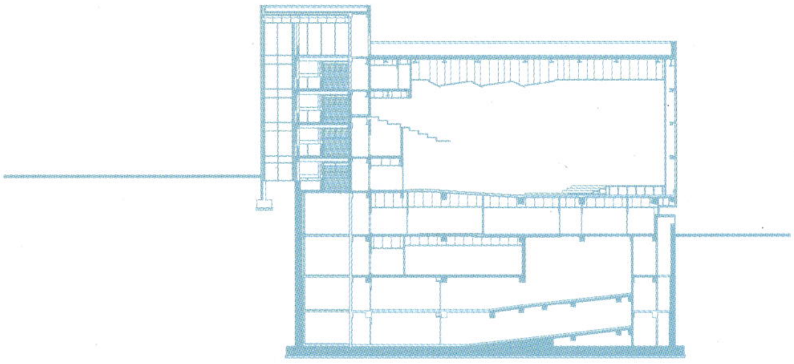

B–B' Section

만리현교회

최동규 / (주)서인종합건축사사무소

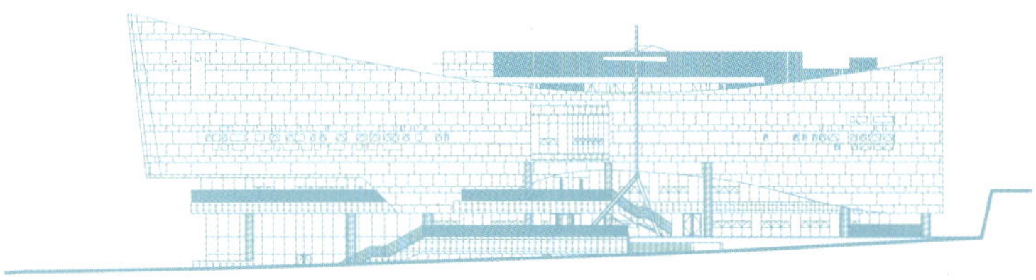

East Elevation

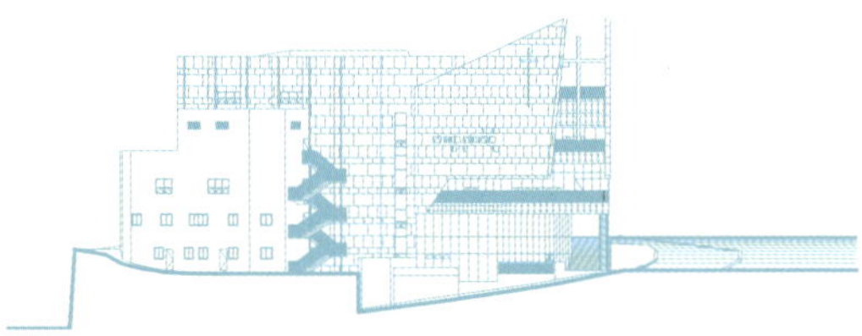

South Elevation

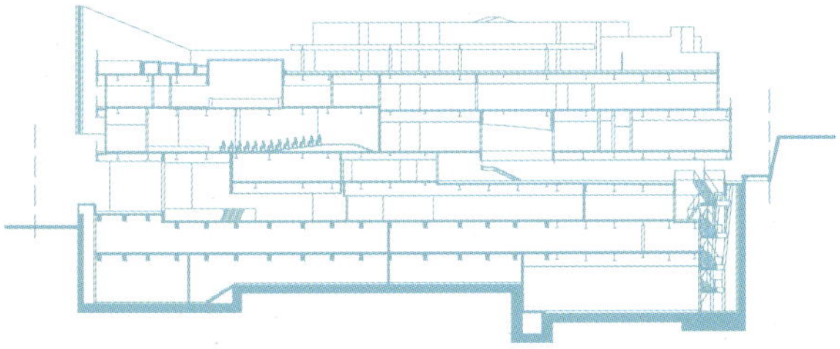

A–A' Section

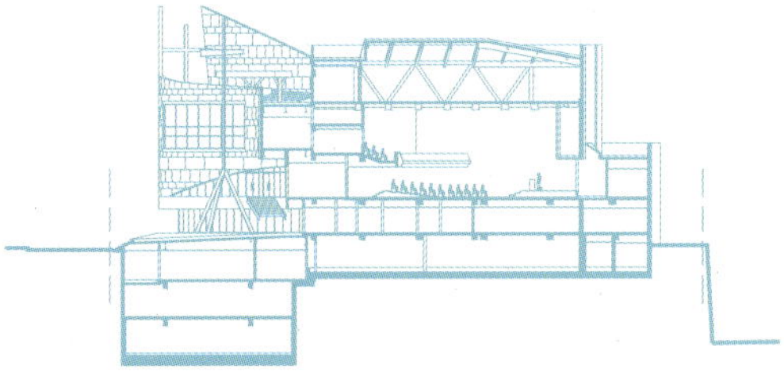

B–B' Section

DONGMYEONG CHURCH

광주동명교회

최동규 / (주)서인종합건축사사무소

대지위치 : 광주광역시 동구 동명로20번길 31
주용도 : 종교시설 대지면적 : 5,702m²
연면적 : 14,688.41m²
층수 : 지하2층 - 지상4층
설계년도 : 2014

Location : 31, Dongmyeong-ro 20beon-gil, Dong-gu, Gwangju, Korea
Use : Church
Site Area : 5,702m²
Gross Floor Area : 14,688.41m²
Floor : 2F
Design : 2014

❶ 1980 소망교회 / Somang Church
❷ 1982 소망교회교육관 / Somang Church Edu. Center
❸ 1990 속초중앙교회 / Sokcho Jungang Church
❹ 1991 소망교회수양관 / Somang Retreat Center
❺ 1994 영락기도원 / Youngnak Prayer Chapel

❷

❹

❺

RELIGIOUS FACILITIES

❶

❸

❶ 1995 대구신광교회 / Shinkwang Church
❷ 2001 분당예수소망교회 / Jesus-Hope Church
❸ 2002 나사렛교회 / Nazareth Church

❶ 2002 영신교회 / Yeongsin Church
❷ 2003 은평교회 / Eunpyeong Church
❸ 2004 모새골성서연구소 / Mosegol Renew Valley
❹ 2004 양평복지교회 영성수련원 / Bokji Church
❺ 2004 제주성안교회 / Jeju-Seongahn Church
❻ 2007 구리밀알교회 / Millahl Church

❶

❹

❸

RELIGIOUS FACILITIES

❷

❺

❻

❶ 2006 양곡비전아트센터 / YangGok Vision Art Hall
❷ 2007 한소망교회 / Hansomang Church
❸ 2011 새문안교회 / Saemoonan Church
❹ 2012 삼선감리교회 / Samsun Church

❶

❹

RELIGIOUS FACILITIES

❷

❸

❶ 1997 장로회신학대학교 / Seoul Jangsin University
❷ 1999 한동대학교 효암관 / Handong Global University Hyoam
❸ 2009 오천교회 / Ocheon Church
❹ 2012 청천교회 / CheongCheon Church
❺ 2013 김해제일교회 / First Evangelical Holiness Church of Gimhae
❻ 2013 논산육군훈련소 연무대교회 / Korea Army Training Center Church

❶ 2011 반포교회 / Banpo Church
❷ 2011 부전교회 비전센터 / Bujeon Church Vision Center
❸ 2012 창신교회 / Chang Shin Church
❹ 2013 도림교회 / Dorim Presbyterian Church
❺ 2014 무궁교회 / Mukung Church
❻ 2015 양산교회 / Yangsan Presbyterian Church

❸

RELIGIOUS FACILITIES

❺

❷

❹

❶

❻

09

최두길

(주)야긴건축사사무소
YAGIN

최두길 대표는 한양대학교를 졸업하고 석사장교(예사 8기)로 복무했으며 부천대학에서 후학을 양성해왔다. 일본 연화로 연합회의 MC 설계 국제 현상 공모전에서 한국 마당의 다양성을 담는 MC 아이디어로 최우수상을 수상했다. 교회와 성경의 결합을 모색하기위해 숭실대 기독대학원에서 교회론 연구로 신학석사(TH.M)학위를 받았으며 정기적으로 세종문화회관 전시홀에서 'GENESIS전', 'EXODOUS전', 'PSALMS전' 등의 전시회를 통해 교회건축의 대중적 지평을 소개해왔다. 대표 프로젝트로는 포도원교회, 영등포교회, 겨자씨교회, 광진교회, 성북교회, 은혜교회 등이 있고 서울기독대학, 부천대학마스터플랜 및 실시설계, 한영신학대학 아틀란타 BHU대학 기념관 등이 있다.

CHOI, DU-GIL
최두길

| 저서 및 역서 |

1989년 : Late-modern Architecture 역서(찰스젠크스저, 공간예술사 발행)
1990년 : After-modern Architecture 역서(포토게쉬 저, 태림출판사 발행)
1991년 : Today-Architecture 역서(찰스젠크스 저, 태림출판사 발행)
2003년 : 성서적 비전으로서의 교회건축 저서 (태림출판사 발행)
건축의 도상학 이론(Architecture Iconism)저서 근간
2007년 : 「THE ECCLESIOLOGICAL, ARCHITECT」 발간(CA PRESS 발행) 현대건축사
2014년 : 「교회건축의 공간, 프로그램, 상징」 저서(CA PRESS 발행) 현대건축사

| 전시회 |

2005년 09월 14일 ~ 21일 : EXODOUS전, 세종문화회관 전시홀
2006년 09월 13일 ~ 19일 : GENESIS전, 세종문화회관 전시홀
2006년 10월 23일 ~ 28일 : 뉴욕한인교회건축전, 뉴욕플로싱커뮤니티홀
2007년 06월 19일 ~ 22일 : 미국국제교회심포지엄 및 전시회
뉴욕베이사이드 Bell B : Bayside NY. 11361
2007년 09월 12일 ~ 19일 : PSALMS전, 세종문화회관 제1전시홀

| 방송현황 |

2004년 2월 CBS TV 밀레니엄 특강
1편 : 기독교와 문화 / 2편 : 성서적 배경에 의한 교회 건축
3편 : 상징의 거룩한 기호 / 4편 : 아름다운 교회건축
2004년 9월 CTS TV 리얼크리스챤 방송
CTS 기독교방송 교회건축자문위원회 위원장

| 학력 및 활동 |

1984년 한양대학교 건축공학과 졸업
1988년 석사장교(예사8기)
1998년 일본연와로 연합회 국제현상설계 우수상
1993년 건축사
2004년 제1회 안양시 건축문화상
2007년 부천대학교 실내건축과 겸임교수 / 교회건축아카데미 원장
2008년 한국일보 고객감동대상 (엔지니어링 서비스 부문)
2008년 숭실대학교 기독대학원 신학석사(논문, 에밀부룬너의 교회론 연구)
2012년 인천광역시 건축상
2014년 한국교회 건축문화대상(국민일보), (주)야긴건축사사무소 대표이사

PROJECT LIST

01 보배로운교회 · BOBEROUN CHURCH ··· 330
02 부평제일교회 · BUPYEONG JEIL CHURCH ··· 336
03 구파발교회 · GUPABAL CHURCH ··· 342
04 포도원교회 · PODOWON CHURCH ··· 348
05 답십리교회 · DAPSIBLI CHURCH ··· 354
06 새은교회 · SAEEUN CHURCH ··· 358
07 영등포교회 · YOUNDENGPO CHURCH ··· 362
08 김해중앙교회 · GIMHAEJUNGANG CHURCH ··· 364
09 대성교회 · DAESUNG CHURCH ··· 366

BOBEROUN CHUCH

보배로운교회

최두길 / (주)야긴건축사사무소

대지위치: 용인시 기흥구 영덕동 453-11 외 3필지 (453-3,453-28, 453-27)
지역지구: 자연녹지지역, 제 2종일반주거지역
대지면적: 2,875.00M2
건축면적: 806.23M2
연면적: 7,216.13M2
건폐율: 21.89%
용적률: 70.83%
규모: 지하3층, 지상4층
구조: 철근콘크리트조

보배로운교회
2014 보배로운교회
새생명전도축제
제144차 11월 13일(매월 둘째주 목요일)
지역 어르신
보배로운 교회

보배로운교회

보배로운교회

대예배실
2F

BUPYEONG JEIL CHURCH

부평제일교회

최두길 / (주)야긴건축사사무소

1차 건축은 비전센터이며 2차 건축은 대예배당으로 년차 별로 마스터 플랜이 수립되어 계획되었다. 비전센터는 추후에 청소년 시설, 체육시설 등의 용도로 사용되어진다. 본당은 체육관으로 사용될 수 있게 고저차이 없이 계획되어 졌으며 북카페, 소예배실, 키즈랜드, 식당, 소그룹실 등의 용도로 계획되었다.

2차 대예배당이 건축되었을 때에 지하주차장과 지상 주차 동선이 상호 연결되어 질 수 있게 차량 진출입 동선 체계에 많은 시뮬레이션 작업이 선행 되었다. 비전센터는 독수리가 날개쳐 올라가는 형태이며 청소년의 꿈과 소망이 이 형태와 동일시 되도록 고려했다.

작은 로비홀이 폐쇄적으로 느껴지지 않도록 1층과 2층을 개방시켜 시선의 확장성을 고려했다. 지하식당은 외부에서 바로 진입할 수 있으며 천장을 도입시켜 환기와 채광이 충분히 되도록 보완하였으며 천장 구조물에 의해 이동식 막을 설치하여 필요시 비와 직사광선을 막을 수 있다. 청소년의 교회 생활이 보람되고 다양한 나눔이 이루어지는 그들만의 소중한 훈련 센터가 되길 바란다.

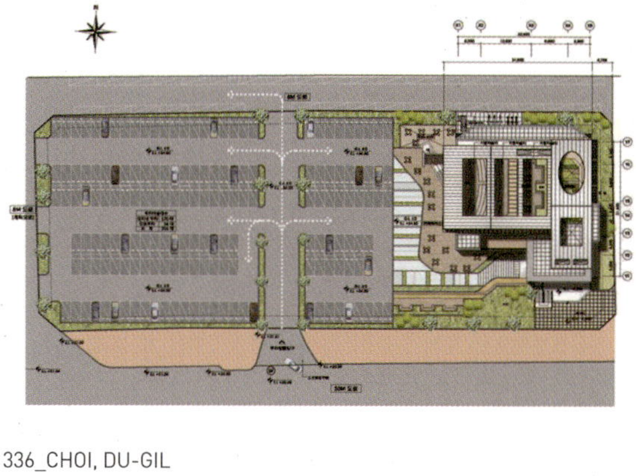

대지위치 : 인천시 계양구 효성동 15-12
대지면적 : 6,611.60m²
건축면적 : 660m²

연면적 : 4,900m²
건폐율 : 8%
용적율 : 15%

규모 : 지하2층, 지상 4층
구조 : 철골조
주차대수 : 180대

GREAT THINGS FOR GOD
우리의 꿈입니다

WOOD BRIDGE
KERITH
BROOK

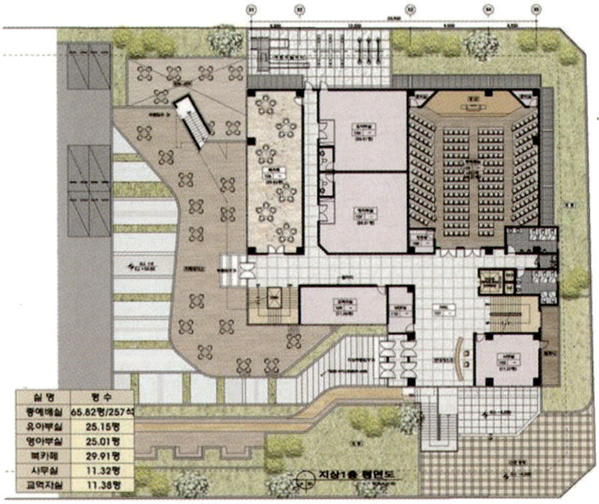
실 명 | 평 수
중예배실 | 65.82평/257석
유아부실 | 25.15평
영아부실 | 25.01평
북카페 | 29.91평
사무실 | 11.32평
교역자실 | 11.38평
지상1층 평면도

지상2층 평면도

KERITH BROOK

Worship

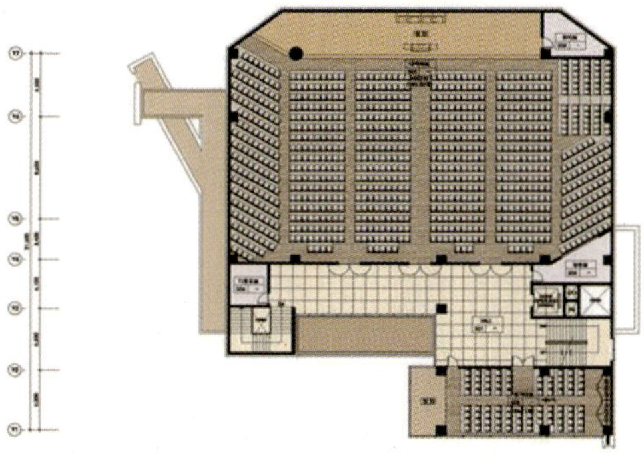

지상3층 평면도

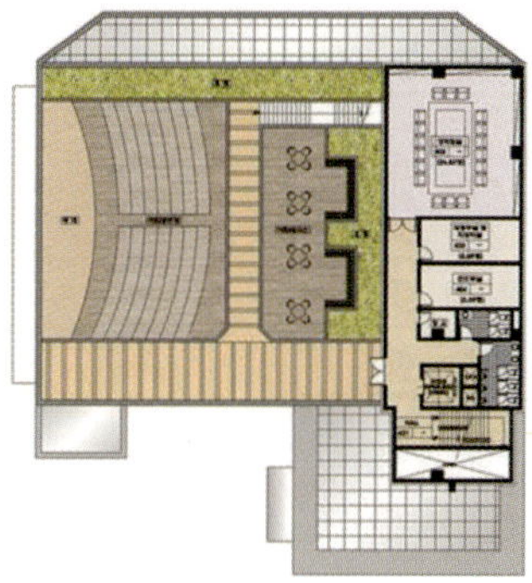

지상4층 평면도

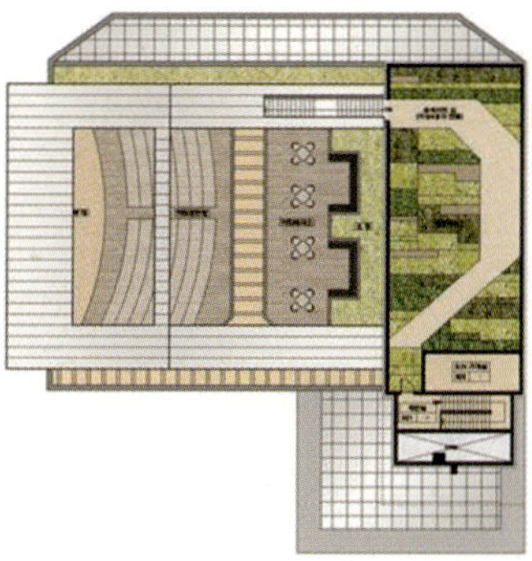

지붕층 평면도

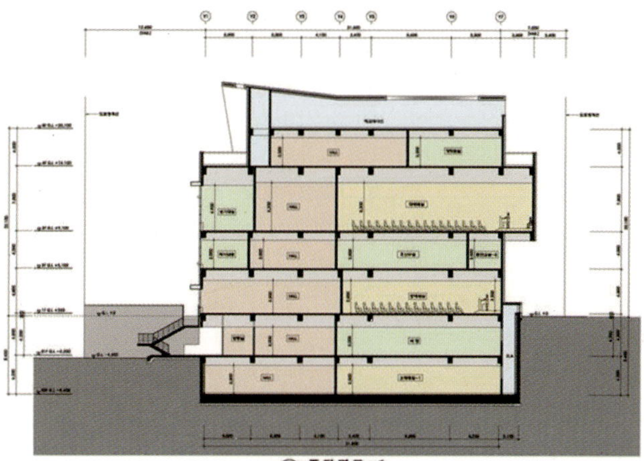

주단면도-1

GUPABAL CHURCH

구파발교회

최두길 / (주)야긴건축사사무소

교회는 산속에 위치하여 청소년의 자연체험 학습장으로 생태교회로 운영하고 있다. 숲속의 기도처소, 힐링캠프, 야영장, 체험 숲 등이 도심지 교회에서 보기 어려운 장점이 되었다. 자연녹지 인 관계로 건축면적은 제한되어 있어 지하에 대예배실을 배치했다. 대지의 고저차이는 약 3개 층이 차이가 난다. 지하출입구, 1층 입구 지하주차 입구가 대지레벨에 의해 정해진다. 다양한 문화시설과 교육공간은 주변 지역 주민의 활동영역과 연계되어 주민의 문화센터 기능을 잘 수행한다. 주변 환경을 어떻게 건축에 연계시킬 것인가를 고민했던 교회이며, 교회건축으로 인해 주변이 더욱 활성화 되어가는 모습이 설계자에게는 보람으로 기억된다.

대지위치 : 서울시 은평구 진관외동 261-60일원
지역지구 : 제2종일반주거지역
대지면적 : 2,467.50m²
건축면적 : 1,405.64m²
연면적 : 9,213.97m²
건폐율 : 56.97%
용적율 : 190.43%
규모 : 지하3층, 지상7층
구조 : 철근콘크리트조

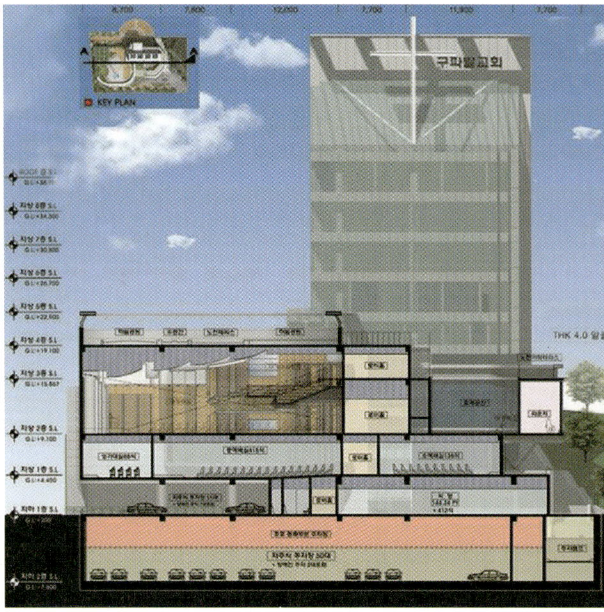

Section

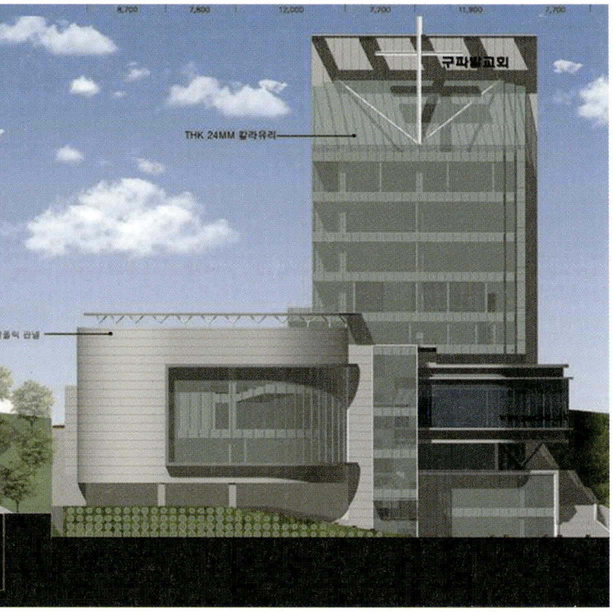

Front elevation

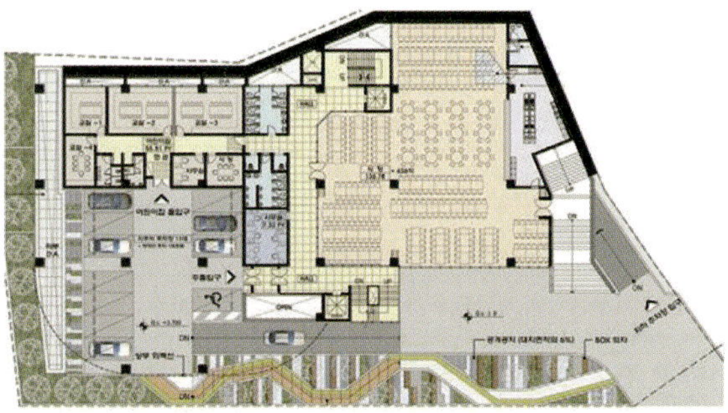

Basement floor plan

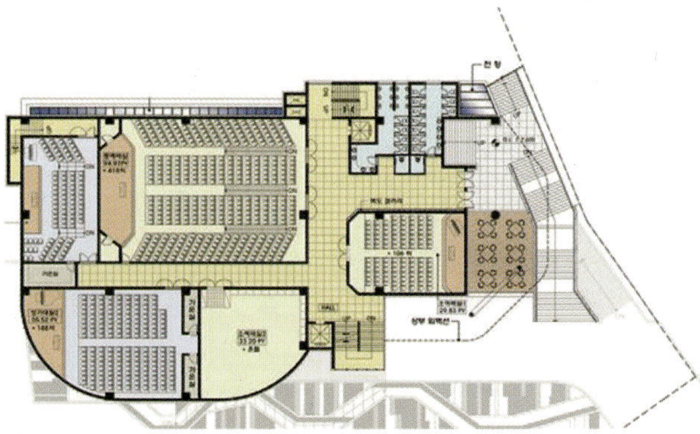

1st floor plan

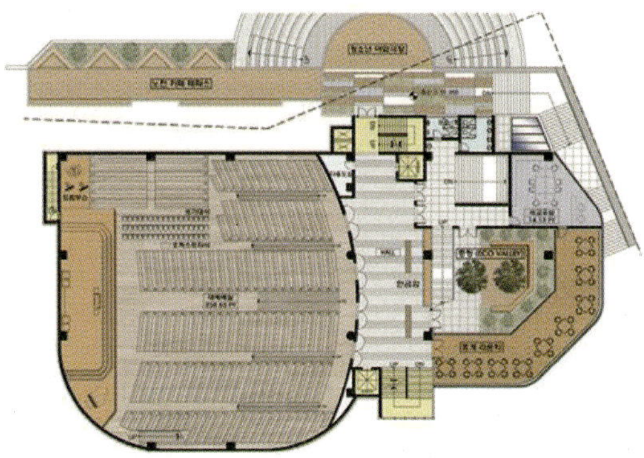

2nd floor plan

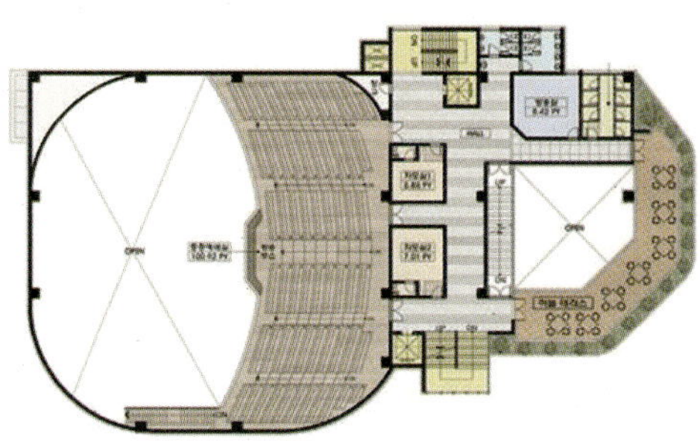

3rd floor plan

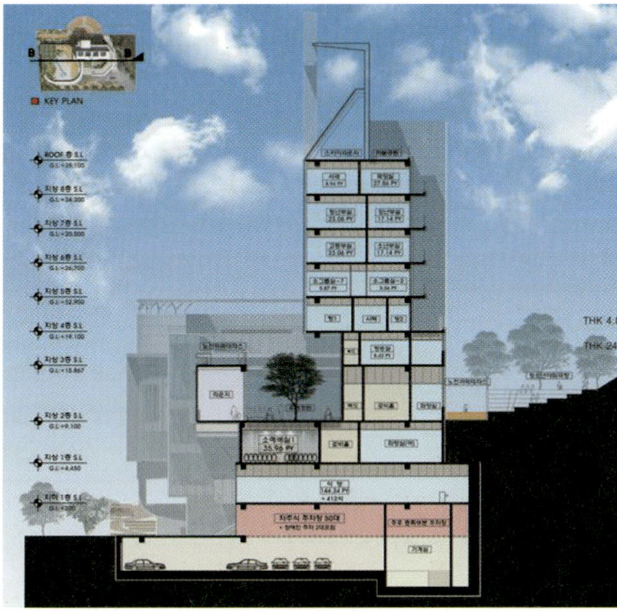

Section

Right elevation

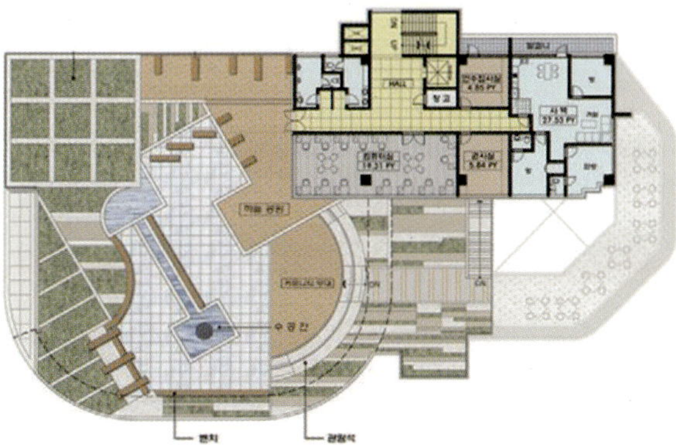

4th floor plan

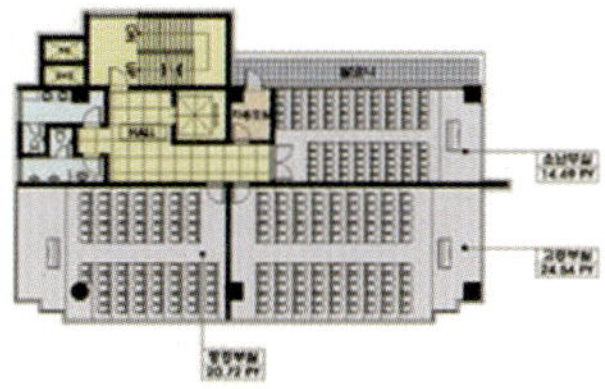

5th floor plan

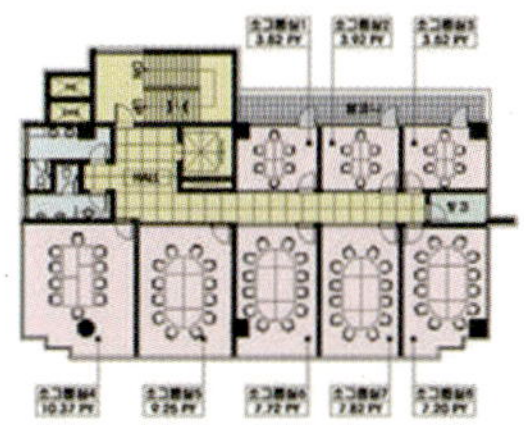

6th floor plan

PODOWON CHURCH

포도원교회

최두길 / (주)야긴건축사사무소

이 대지는 정면도로가 1개층의 고저차이를 가지고 있으며 좌측도로도 1개층의 고저차이를 형성하고 있는 레벨이 복잡한 여건을 가지고 있다. 이 복잡한 대지 레벨을 어떻게 잘 적용시키고 도심지 내에서 랜드마크성을 잘 구현시킬 것인가를 계획의 주안점으로 설정했다.

부지에서 레벨이 제일 낮은 곳에 지하 주차장 진출입구를 두어 주차 동선체계를 쾌적하게 했다. 지상 광장으로의 진입은 도로중앙부에서 이루어지게 하여 동선을 간결화 했다. 중앙광장은 정원을 배치시켜 휴게기능을 적극적으로 이루어지게 하고 단순히 개방된 공간이 아니라 가벽과 각종 외부가구들이 잘 보존되어 프라이버시가 보호된다.

종탑은 정면 대로에서 잘 보이게 높게 구축했다. 대예배실은 3000석규모의 좌석이 부채꼴 형태로 되어 있으며 오페라 공연까지 가능하도록 설비가 잘 갖추어져 있다. 무대는 회전식과 이동식이며 다목적 기능에 잘 대응할 수 있다. 지역 사회에서 문화센터로 기능할 수 있도록 다양한 부속공간, 체육실, 문화교실, 도서실, 카페공간 등이 잘 조성되어 있으며 주일 내내 일정한 프로그램을 통해 지역 주민과 적극적으로 공유되는 교회이다.

대지위치 : 광주광역시 남구 진월동 365-97외 2필지
지역지구 : 제2종일반주거지역
대지면적 : 5,195.00m²

건축면적 : 2,890.94m²
연면적 : 20,767.38m²
건폐율 : 55.65%

용적율 : 186.75%
규모 : 지하4층, 지상6층
구조 : 철근 철골 콘크리트조

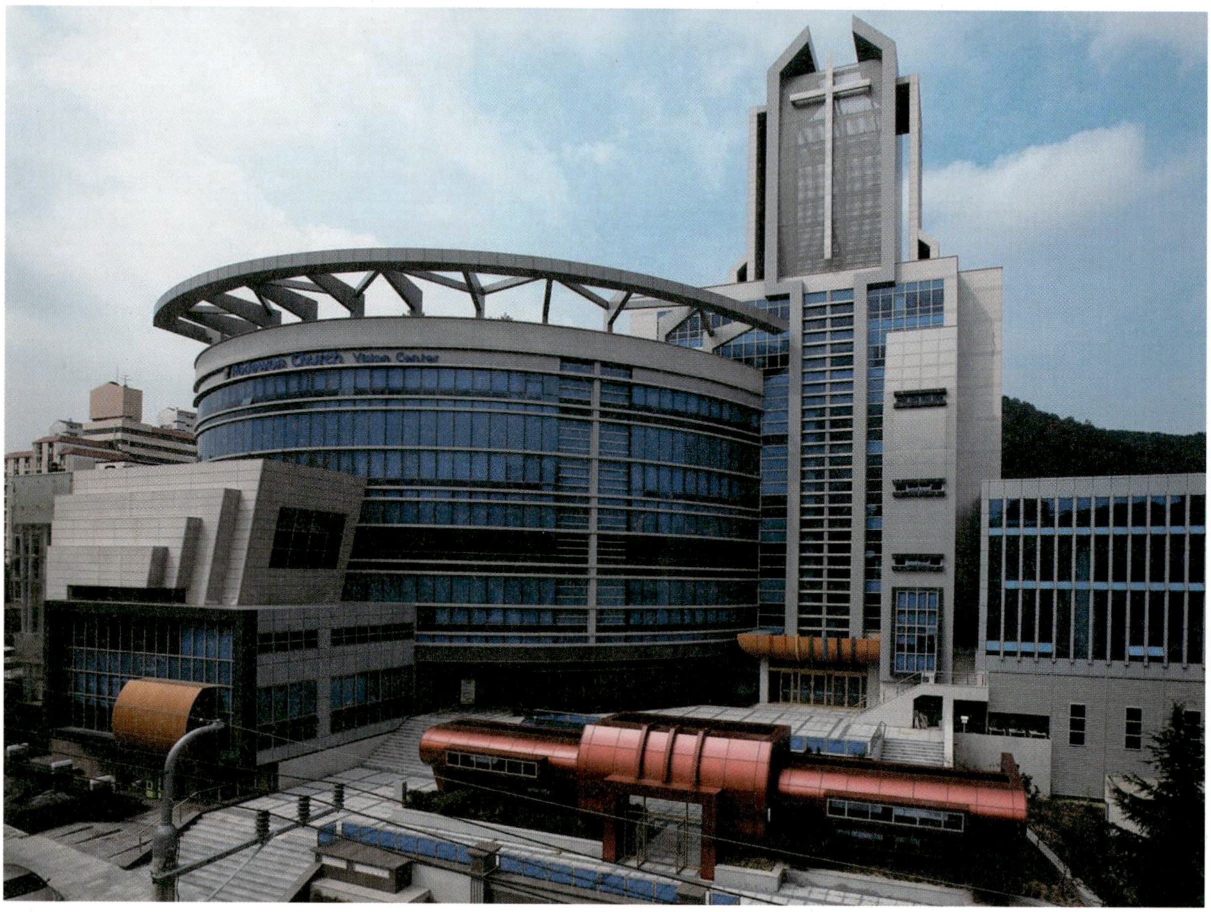
Church Vision Center

WITH US
FOR VISION

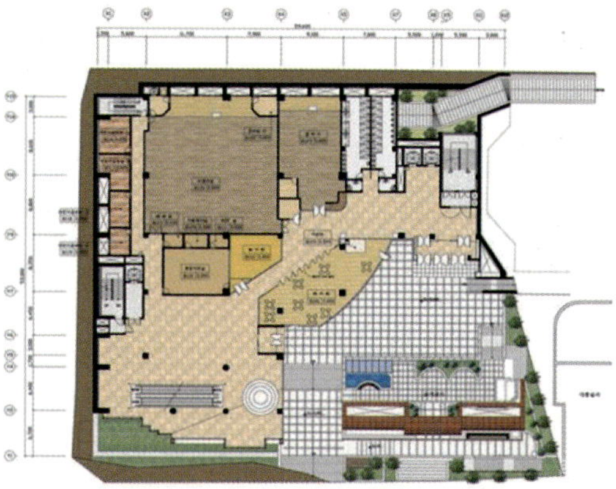

Basement floor plan

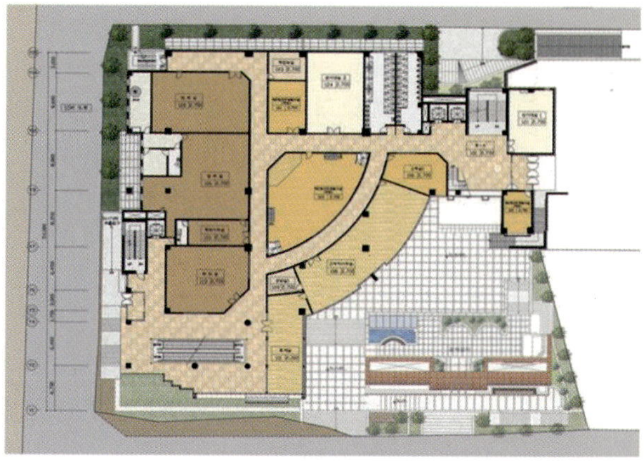

1st floor plan

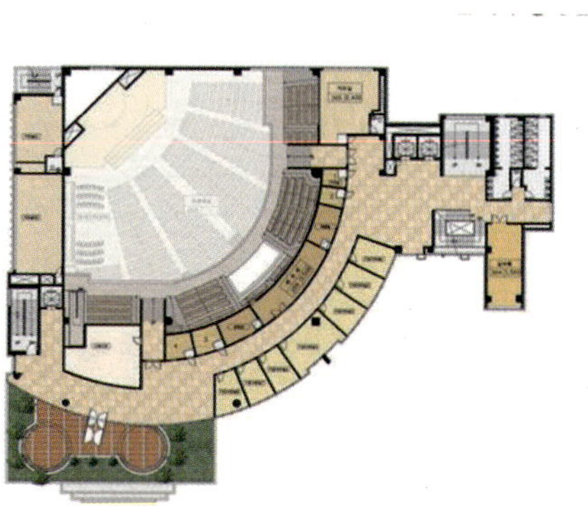

3rd floor plan

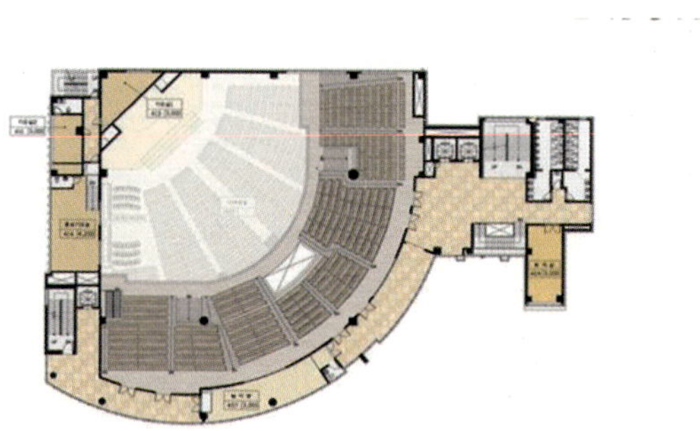

4th floor plan

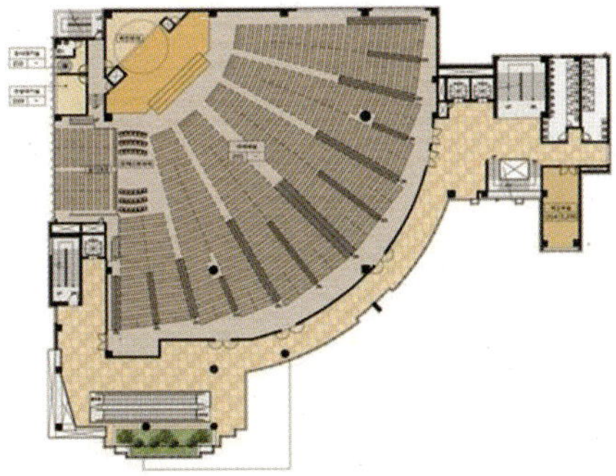

2nd floor plan

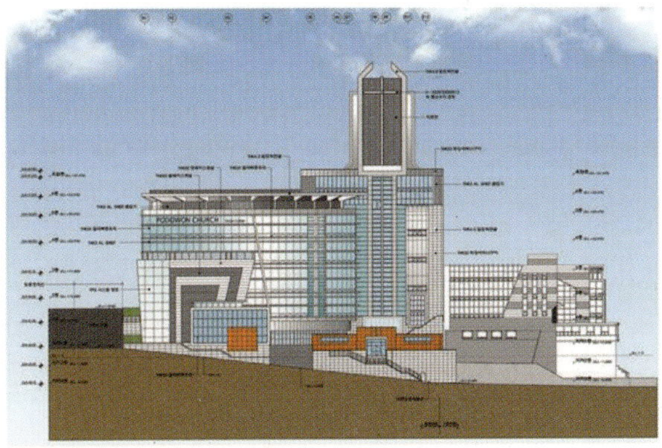

Elevation

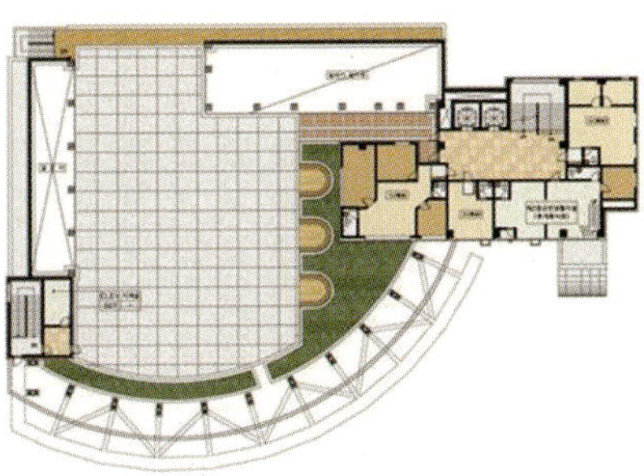

5th floor plan

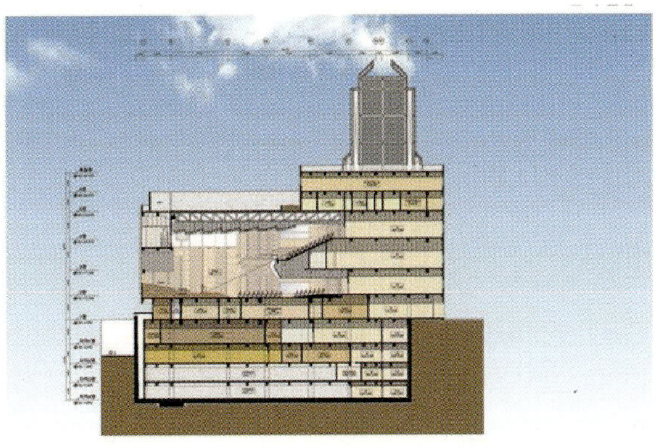

Section

답십리교회

최두길 / (주)야긴건축사사무소

대지위치 : 서울시 동대문구 답십리 16 재정비촉진구역 택2 (지번2)
대지면적 : 1,242.20m²
건축면적 : 741.68m²
연면적 : 3,958.97m²
건폐율 : 59.71%
용적률 : 159.90%

홀

성가대실

대예배당

자모실

새은교회

최두길 / (주)야긴건축사사무소

새은교회
대한예수교 장로회 새은교회

대예베당으로 들어가다

대예베당에 빛이 들어오다

대예배당

예배를 준비하는자들의 계단

목회실

식당

YOUNGDEUNGPO CHURCH

영등포교회

최두길 / (주)야긴건축사사무소

대지위치 : 서울시 영등포구 영등포7가
148-18번지 양산로 215
지역지구 : 도시지역, 준주거지역
대지면적 : 2,998.00m²
건축면적 : 1,555.93m²
연면적 : 17,601.57m²
건폐율 : 51.90%
용적률 : 354.90%
규모 : 지하3층, 지상10층
구조 : 철근콘크리트조

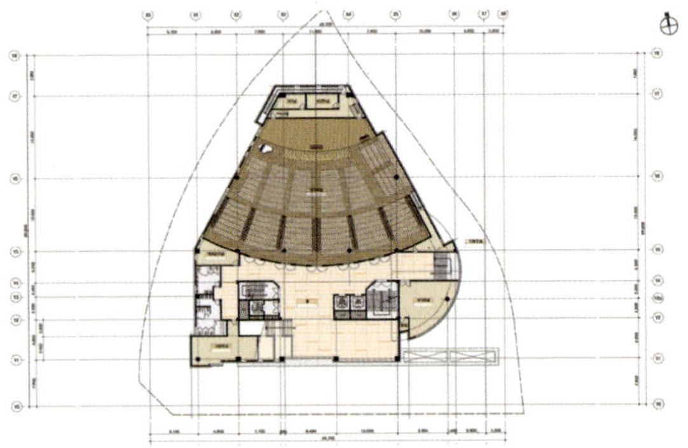

지상 3층평면도

지상 1층평면도

영등포교회
영등포교회

GIMHAEJUNGANG CHURCH

김해중앙교회

최두길 / (주)야긴건축사사무소

대지위치 : 경상남도 김해시 풍유동
31-3 외 8필지
지역지구 : 제 2종일반주거지역
대지면적 : 13,515.00m²
건축면적 : 4,205.75m²
연면적 : 16,226.22m²
건폐율 : 31.12%
용적률 : 120.06%
규모 : 지상7층
구조 : 철근콘크리트조

DAESUNG CHUCH

대성교회

최두길 / (주)야긴건축사사무소

대지위치 : 경기도 포천군 이동계리 24번지
지역지구 : 제2종일반주거지역
대지면적 : 2,356m²
건축면적 : 1,312.56m²
연면적 : 8,666.06m²
건폐율 : 55.71%
용적률 : 188.70%
규모 : 지하3층, 지상6층
구조 : 철근콘크리트조

address directory

01 김대식

(주)하나플러스 건축사사무소
서울 강남구 도곡로 170 대성빌딩 4층 \ T. 02-558-0450 \ F. 02-834-0451
folies9@hanmail.net \ http://www.hanaplus.kr

02 백창건

(주)세진예공 건축사사무소
서울시 서초구 서초동 사임당로 17길 60 진송빌딩 3F \ T. 02-588-3413 \ F. 02-582-5946
sejinarchi@naver.com \ http://www.sejinarchi.com

03 양민수

(주)아벨종합건축사사무소
인천광역시 서구 심곡동 239-8 태양빌딩 2층 \ T. 032-562-2800 \ F. 032-562-2802
abel2802@naver.com \ http://www.abel.ne.kr

04 윤승지

규빗건축사사무소
서울시 서초구 방배중앙로9길 4 장자터빌딩 5층 \ T. 02-588-9773~4 \ F. 02-588-9775
cubit65@nate.com \ http://www.cubit21.com

05 이충기

서울시립대학교 건축학부 · (주)한메 건축사사무소
서울시 동대문구 서울시립대로163 (전농동 90) \ T. 02-6490-2777 \ F. 02-6490-2749
M. 010-8909-6589 \ cklee@uos.ac.kr

06 이용우

칸·도시건축사사무소
서울시 서초구 반포동 549-26 Y'S 빌딩 301호 \ T. 02-599-4022 \ F. 02-593-4743
caanar@gmail.com \ http://www.caan.co.kr

07 임성필

집 파트너스 건축사사무소
서울시 종로구 재동 55 삼양사B/D 401호 (헌법재판소 맞은편) \ T. 02-2268-5006 \ F. 02-2268-5007
zippartners@naver.com \ http://www.zippartners.com

08 최동규

(주)서인종합건축사사무소
서울시 서초구 반포4동 107-24 서인빌딩 2층 \ T. 02-532-1861 \ F. 02-536-8425
seoinn@korea.com \ www.seoinndesign.com

09 최두길

(주)야긴건축사사무소
서울시 서초구 동산로 54 시온빌딩 2층 \ T. 02-539-7900 \ F. 02-562-1771
yagin7900@hanmail.net \ http://www.yagin.net

한국교회건축

초판 1쇄 2015년 3월 5일

지 은 이 한국교회건축가회
발 행 인 김기현
발 행 처 시공문화사
등 록 1993년 3월 12일
주 소 서울시 서대문구 독립문 공원길 13 (현저동 200) 극동프라자 5층
전 화 02) 3147-1212, 2323
전 송 02) 3147-2626

http://www.spacetime.co.kr
spacetime@korea.com

코디네이터 건축가 임성필 / 집 파트너스 건축
편 집 디자인·현 심현일 / 02) 322-9941
인 쇄 예림인쇄
제 본 (주)다인바인텍
용 지 (주)대림지업

*파본은 교환해 드립니다.

ISBN 978-89-5592-316-2 93540

정가 35,000원

93540
9 788955 923162